0~12岁孩子补钙食谱

薛丽君 编著

Ca

U0338449

甘肃科学技术出版社

图书在版编目（CIP）数据

0～12岁孩子补钙食谱 / 薛丽君编著. -- 兰州：甘肃科学技术出版社，2017.10
ISBN 978-7-5424-2449-5

Ⅰ. ①0… Ⅱ. ①薛… Ⅲ. ①少年儿童—保健—食谱 Ⅳ. ①TS972.162

中国版本图书馆CIP数据核字(2017)第236881号

0～12岁孩子补钙食谱
0～12SUI HAIZI BUGAI SHIPU

薛丽君　编著

出版人　王永生
责任编辑　毕　伟
图文制作　深圳市金版文化发展股份有限公司

出　版　甘肃科学技术出版社
社　址　兰州市读者大道568号 730030
网　址　www.gskejipress.com
电　话　0931-8773238（编辑部）　0931-8773237（发行部）
京东官方旗舰店　http://mall.jd.com/index-655807.html

发　行　甘肃科学技术出版社　印　刷　深圳市雅佳图印刷有限公司
开　本　720mm×1016mm　1/16　印　张　12　字　数　195千字
版　次　2018年1月第1版　印　次　2018年1月第1次印刷
印　数　1～6000
书　号　ISBN 978-7-5424-2449-5
定　价　29.80元

图书若有破损、缺页可随时与本社联系：0755-82443738
本书所有内容经作者同意授权，并许可使用
未经同意，不得以任何形式复制转载

目录 CONTENTS

Chapter 1
0~6个月的奶娃娃补钙

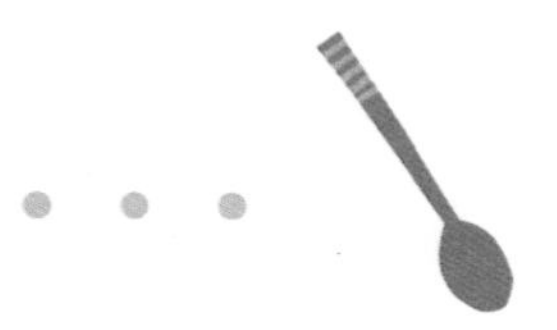

Chapter 2
6～12个月的宝宝补钙

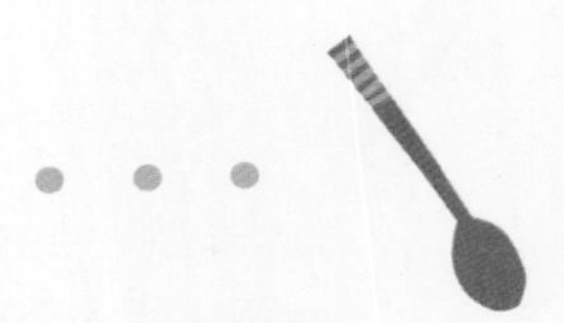

Chapter 3
1～3岁的宝宝补钙

Chapter 4

3~6岁的孩子补钙

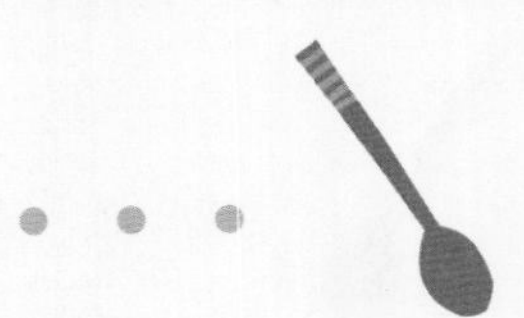

Chapter 5
6～12岁的儿童补钙

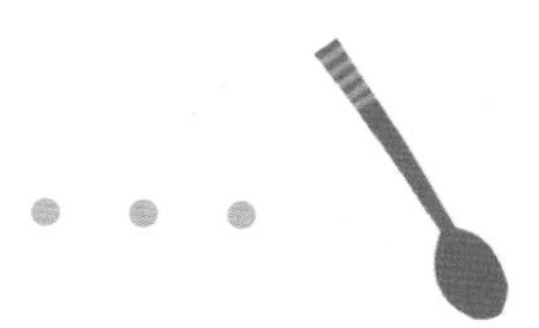

Chapter 1

0～6个月的奶娃娃补钙

4个月以内的宝宝通常靠母乳，就能获得充足的钙质。4～6个月的宝宝则可以母乳为主，食用一点配方奶粉为辅。6个月以内的宝宝需要多少钙，是由宝宝吃多少母乳、其中的含钙量多少决定的。宝宝吃母乳或配方奶粉比较少时，就需要搭配少量的辅食来配合补钙。

6个月内的宝宝缺钙的表现及补钙必知

6个月以内的宝宝要慎重补钙。一定要密切关注宝宝一些明显的异常表现，根据这些表现来制定宝宝的食谱方案，悉心照顾宝宝。

你知道吗？ 6个月以内的宝宝每日需要300毫克钙

无论是母乳喂养还是混合喂养，奶类都是婴儿饮食的主体。0～5个月的婴儿每天对钙的摄取量为300毫克，只要每天饮母乳或配方奶600～800毫升，便可以满足身体对钙的需求。

如何看新生宝宝是否缺钙

满月前的宝宝一般是不需要额外补钙的，母乳或牛奶就能提供足够的钙，同时建议服用鱼肝油或者晒太阳，来促进对钙的吸收。满月后到6个月，注意观察宝宝有没有这些症状，如不易入睡、入睡易惊、抽筋等，如果有，就需要另外补钙，如果没有，遵照医嘱每天补充适量鱼肝油就可以。

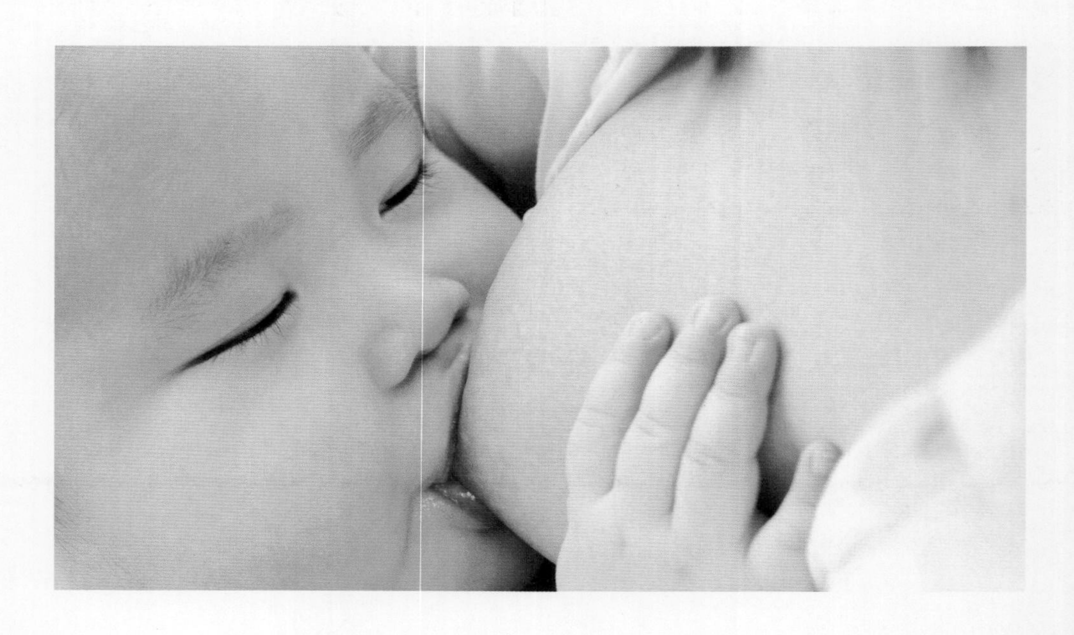

补钙其实要从孕前开始

或许很多人都认为，补钙应从怀孕后才开始。其实不然，钙的储备对于想要孩子的准妈妈们来说应是从孕前就应开始的。因为孕后，母体内的大量钙质将转移到宝宝身上，准妈妈们消耗的钙量远远超过普通人。

提早一步补钙，从备孕开始，对今后胎儿的发育和准妈妈的身体健康都大有好处。

若孕前母体内的钙量充足，宝宝出生后会较少出现夜惊、抽筋、出牙迟、烦躁及佝偻病等缺钙症状，宝宝的牙齿和骨骼发育也会更好。而孕妇也能缓解小腿抽筋、腰酸背痛、骨关节痛等孕期不适。

不仅如此，补钙还需要持之以恒。首先要从丰富食物种类、均衡营养结构入手。多喝牛奶，多吃蔬菜肉类等含钙高的食物。尽管食补一直被认为是补钙的理想方式，但日常的饮食最多能提供200～400毫克钙，无论再如何大吃特吃也不能满足备孕妈妈每日所需的800毫克的钙量。

在选择钙补充品时，要注意选择一些副作用小、品质安全、肠道吸收率高、服用方便、性价比高且含有维生素D帮助吸收的类型。目前市面上碳酸钙型的钙类是吸收力最强的一种。不一定非要医生处方，但也一定要注意用量，同时一定注意不能跟牛奶同喝，因为这样会大大影响钙的吸收。

宝宝补钙要抓好三个关键

第一步：为了给新生儿一个好身体，准妈妈们在怀孕前就要注意及早补钙。

第二步：孕妇补钙。胎儿从几毫米的小胚胎发育成一个身高50厘米、体重3千克以上的新生儿，必须从母体吸收大量的营养元素，尤其是钙。为了保证胎儿身高、体重的正常增长，必须保证脊柱、四肢及头颅骨的正常骨化。在这个发育过程中，由于母体向胎儿骨骼的钙运转，在妊娠期的最后三个月沉积在胎儿骨骼上的钙约为30克，占骨钙总量的80%。当孕妇吸收的钙不足时，便会通过骨骼脱钙来满足胎儿对钙的需要。母亲向胎儿输送的钙离子，妊娠中期为每日150毫克；妊娠晚期每日450毫克（相当于胎儿每千克体重100~150毫克/日）。即使母亲钙营养缺乏，胎盘仍能主动地向胎儿输送钙，以满足胎儿生长发育的需要，因而，孕妇补钙十分重要。

第三步：新生儿补钙。新生儿出生时体重在3千克以上，骨钙的含量约为25克至30克，身长约50厘米。体重每天以25克至30克的速度增长，身高在28天内约增长至55厘米。为适应如此快的增长速度，合理补充营养，特别是钙营养的补充，成为当务之急。母乳是最理想的营养品。虽然母乳中的钙含量比牛乳中的钙含量少，但母乳中的钙、磷比例最适宜（2∶1），钙极易被吸收。在母乳不足的情况下，母亲通过服用催乳药及其他相关措施，但仍少乳或无乳时，应喂新生儿牛奶替代乳品。牛奶的磷含量为母乳的6倍，钙为母乳的4倍，牛奶的钾和钠的含量也都高于母乳。但牛奶中的钙大多数与枸橼酸结合形成磷酸钙胶体，不易被吸收，所以在人工喂养时仍需注意补钙。

苹果汁

苹果90克

1 苹果削皮，切成丁。

2 取榨汁机，选择搅拌刀座组合，倒入苹果丁，淋入少许温开水，盖上盖。

3 选择“榨汁”功能，榨取苹果汁，断电后倒入杯中即可。

苹果汁不宜久存，应立即饮用，才能起到补钙的效果。

苹果西红柿汁

原料

苹果1个，西红柿1个

做法

1 将苹果洗干净去皮、去核后，切成小块；西红柿洗净，去皮，切成小块状。

2 取榨汁机，放入切好的苹果块、西红柿块，倒入适量清水，加盖。

3 选取“榨汁”功能，榨取果汁。

4 断电后揭开盖子，将榨好的果汁装入奶瓶中即可喂食。

切好的苹果应立即使用，以防被氧化变黑，口感会变差。

补钙奥秘

苹果中含有钙、叶酸、锌以及多种维生素等宝宝成长必备的营养素，宝宝经常食用苹果类辅食，不仅能够补钙助长，还有益于促进智力发育。

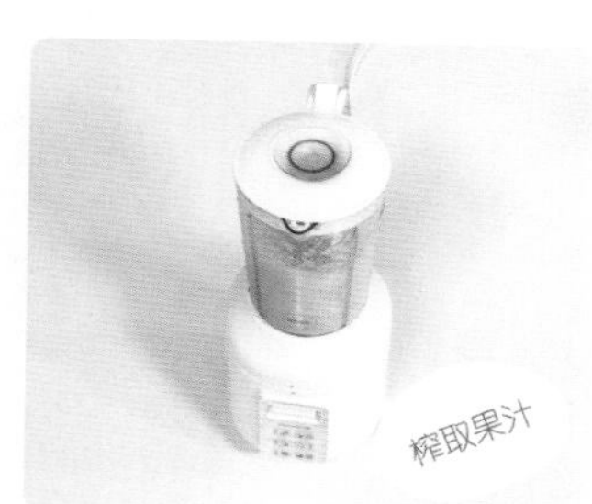

柑橘牛奶汁

原料

柑橘100克，苹果80克，配方奶粉25克

做法

1 将柑橘去皮，把果肉掰成瓣，再将果肉切成小块；将苹果去核，再切成小丁。

2 将配方奶粉倒入杯中，冲入适量温水，搅拌均匀，即成牛奶。

3 取榨汁机，选择搅拌刀座组合，倒入苹果丁、柑橘块、牛奶，再盖上盖。

4 通电后选择“榨汁”功能，榨一会儿，把食材榨出汁水，断电后倒入杯中即成。

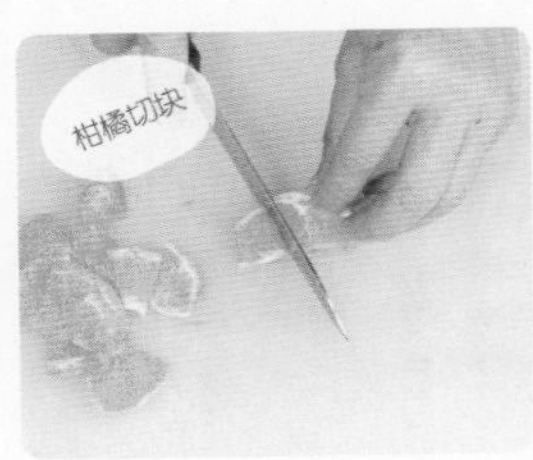

芹菜牛奶汁

芹菜100克，配方奶粉20克

1 将洗净的芹菜切成粒状。
2 将配方奶粉倒入杯中，冲入适量温水，搅拌均匀，即成牛奶。
3 取榨汁机，选择搅拌刀座组合，倒入芹菜粒、牛奶，盖上盖。
4 通电后选择“榨汁”功能，榨一会儿，把食材榨出汁水，断电后倒入杯中即成。

可以将芹菜焯水后再榨汁，宝宝更易消化吸收其中的钙质。

芹菜西蓝花蔬菜汁

芹菜50克，西蓝花70克，莴笋60克，配方奶粉50克

莴笋、西蓝花、芹菜焯水时间不要太久，以免破坏其营养。

做法

1 洗净去皮的莴笋切成丁；洗好的芹菜切段；洗净的西蓝花切小块。

2 将配方奶粉倒入杯中，再冲入适量50℃的温水，将其搅拌均匀成牛奶。

3 锅中注水烧开，倒入莴笋丁、西蓝花、芹菜段，煮至断生，捞出，沥干水分。

4 取榨汁机，选择搅拌刀座组合，倒入焯过水的食材，加入清水，榨取蔬菜汁。

5 倒入牛奶，再次选择“榨汁”功能，搅拌均匀即可。

补钙奥秘

6个月以内的宝宝要喝此阶段的配方奶粉，可以轻松地将其消化完全。芹菜是蔬菜当中少有的补钙“高手”，还含有多种维生素，对强化骨质很有利。

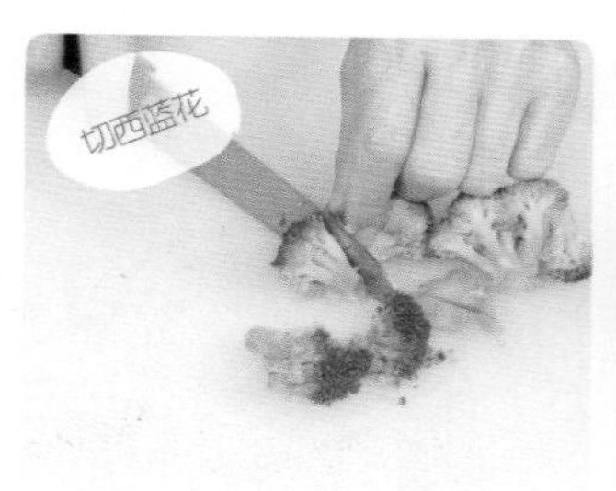

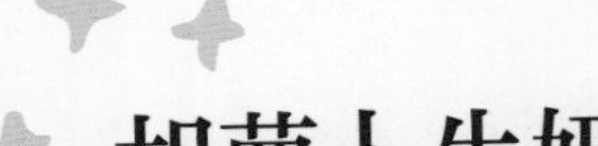

胡萝卜牛奶汁

原料

胡萝卜80克，新鲜橙肉50克，配方奶粉30克

做法

1 将洗净的胡萝卜切成小丁块；橙肉切小丁块；配方奶粉装入杯中，冲入适量温水，搅拌匀，即成牛奶。

2 取榨汁机，倒入切好的胡萝卜、橙肉，再加入适量牛奶，盖上盖子，选择“榨汁”功能，榨出蔬果汁，倒出榨好的蔬果汁，装入碗中。

3 砂锅置火上，倒入榨好的蔬果汁，盖上盖，煲煮2分钟至熟，拌匀，盛出煮好的蔬果汁，滤入杯中，待稍微放凉后即可饮用。

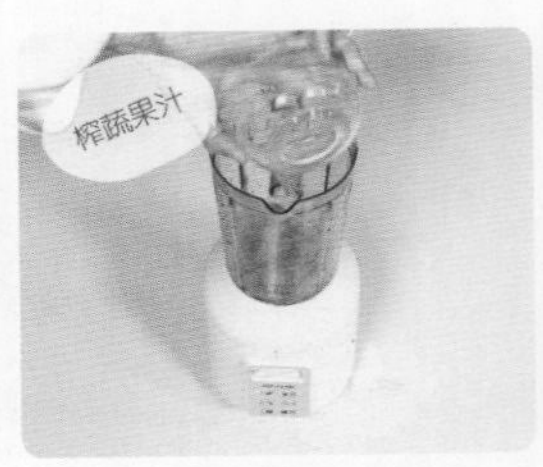

豌豆牛奶汁

原料

豌豆20克，小米10克，配方奶粉适量

做法

1 将豌豆、小米倒入碗中，加入适量清水，搓洗干净。

2 将洗好的材料倒入滤网，沥干水分，再倒入豆浆机中。

3 注入适量清水，盖上盖，开始打浆，待机器运行约15分钟，即成豆浆。

4 将豆浆倒入杯中，再加入适量配方奶粉，搅拌均匀，待稍微变得温凉时给宝宝食用即可。

此时的宝宝由于消化功能较差，所以豌豆的量要少一点。

奶香苹果汁

苹果100克，配方奶粉60克

1 洗净的苹果取果肉，切小块。
2 将配方奶粉倒入杯中，冲入适量温水，搅拌均匀成牛奶。
3 取榨汁机，选择搅拌刀座组合，倒入切好的苹果块。
4 注入适量的牛奶，盖好盖子。
5 选择“榨汁”功能，榨取果汁。
6 断电后倒出果汁，装入杯中即成。

通常冲泡配方奶粉的水温度在40℃~60℃。水的温度太高会破坏其中的营养成分，太低不利于宝宝消化吸收。

补钙奥秘

苹果中含有丰富的维生素D，对钙质的吸收有促进作用。苹果的甜味是宝宝比较喜欢的，在给宝宝补钙的同时，也要兼顾到宝宝的口味喜好。

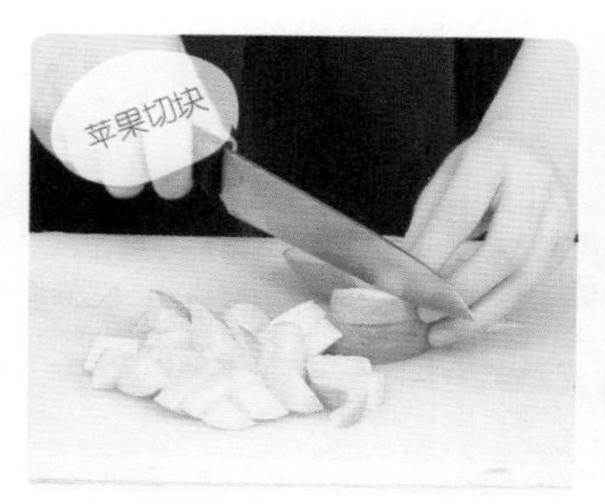

牛奶清淡米汤

大米80克，配方奶粉40克

做法

1 将大米洗净、浸泡。

2 往砂锅中倒入适量的清水，大火烧开后，倒入大米，搅拌均匀，加盖烧开后，再用小火煮20分钟，至米粒熟透后揭盖，用勺子搅拌均匀。

3 将煮好的粥舀到过滤网内过滤。

4 在过滤好的米汤中加入配方奶粉，搅拌均匀，待汤水变温即可。

白菜牛奶汁

原料

大白菜160克，配方奶粉30克

做法

1 将大白菜洗净，用手撕成片，放在蒸盘里，待用。
2 将配方奶粉倒入杯中，冲入适量温水，搅拌均匀成牛奶，待用。
3 蒸锅加水大火烧开，放入蒸盘，盖上盖，大火蒸约10分钟至熟软。
4 揭盖，取出大白菜，放入榨汁机里，再倒入冲好的牛奶。
5 将食材搅打成泥糊状，倒出装碗即可。

大白菜是蔬菜当中含钙比较高的一类食材，不仅补钙效果佳，还利于消化吸收。

油菜水

油菜40克

1 将洗净的油菜切小瓣，改切成小块，备用。

2 砂锅中注入适量清水烧开，倒入切好的油菜，拌匀。

3 盖上盖，烧开后用小火煮约10分钟至熟。

4 关火揭盖，滤入碗中即可。

先将油菜在沸水中焯一下再煮，能去除苦涩味。

不少绿叶蔬菜在补钙效果上并不比牛奶逊色，比如油菜。同等重量，油菜的含钙量并不低于牛奶的含钙量。从饮食中补钙是最自然的方法。

菠菜水

菠菜60克

1 将洗净的菠菜切去根部，再切成长段，备用。

2 砂锅中注入适量清水烧开，放入切好的菠菜，拌匀。

3 加盖，烧开后用小火煮约5分钟至其营养成分析出，关火，将汁水装入杯中即可。

橙子卷心菜糊

原料

新鲜橙子180克，卷心菜60克，白菜30克

做法

1 将橙子去皮，切成小丁。

2 将卷心菜洗净，切成小块。

3 将白菜洗净，切成小块。

4 锅中注入适量清水烧开，倒入卷心菜、白菜，焯水至熟软，捞出，沥干水分。

5 取榨汁机，揭开盖，先后放入橙肉丁、卷心菜块、白菜块，倒入适量温水。

6 盖上盖，启动榨汁机，将食材搅打成糊状即可。

榨汁的时候可加入些用配方奶粉冲泡的牛奶，能够增强补钙效果。

苹果米糊

原料

苹果50克，红薯70克，米粉35克，配方奶粉30克

做法

1 将去皮洗净的红薯切小丁块；洗净的苹果切小瓣，去除果核、表皮，切成小丁块。

2 将奶粉倒入杯中，冲入适量温水，搅拌均匀成牛奶，待用。

3 蒸锅上火烧开，放入装有苹果块、红薯块的蒸盘，中火蒸约15分钟至熟软，取出凉凉。

4 将放凉后的红薯块用刀压扁，制成红薯泥；蒸好的苹果也压扁，制成苹果泥。

5 汤锅中注水烧开，倒入苹果泥、红薯泥，搅拌几下，倒入米粉、牛奶，拌煮片刻至食材混合均匀，呈米糊状，盛出即可。

蒸好的食材凉至手温即可，不可趁热制成泥，以免烫伤手。

补钙奥秘

4个月以上的宝宝对糊状的流食比较感兴趣，这个时候可以尝试用口感不错的红薯来做辅食，再添加补钙的水果、牛奶，做到营养均衡。

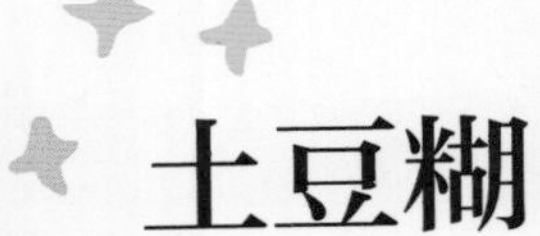

土豆糊

原料

配方奶粉30克，土豆70克

做法

1 将洗净去皮的土豆切丁，再浸入清水中；配方奶粉装于碗中，注入温水，调匀，制成奶糊。

2 锅置火上，倒入土豆丁，拌匀，煮约3分钟，边煮边搅拌，至食材变软，盛出，碾碎成泥状。

3 另起锅，放入土豆泥，拌匀，倒入调好的奶糊，搅拌均匀，煮出奶香味。

4 关火后盛入碗中即可。

菠菜奶糊

原料

水发大米130克，菠菜50克，配方奶粉50克

做法

1 将菠菜洗净去根，配方奶粉冲泡成牛奶。

2 锅中注水烧开，放入菠菜，煮至变软后捞出，放凉后切成碎末。

3 奶锅中注水烧开，放入水发大米，搅散，煮约35分钟至成粥，搅动，盛出，装在碗中，加入菠菜碎，拌匀，调成菠菜粥。

4 榨汁机中倒入菠菜粥、牛奶，盖好盖子，待机器运转约40秒，倒出榨好的菠菜糊，滤在碗中。

5 奶锅置于旺火上，倒入菠菜糊，拌匀，煮沸，盛入碗中，稍微冷却后即可食用。

尽量把菠菜搅打得细腻一点，以便宝宝更好消化。

豌豆糊

豌豆120克，配方奶粉5克

做法

1 锅中注入适量清水烧开，倒入豌豆，煮至熟软，捞出过一遍凉水，再捞出沥干水分。

2 备好榨汁机，揭开盖，将豌豆倒入榨汁机里。

3 盖上盖，按“搅拌”的功能，将豌豆搅打成糊。

4 揭开盖，将豌豆糊倒入锅中煮至沸腾，再加入配方奶粉，搅拌均匀，盛出即可。

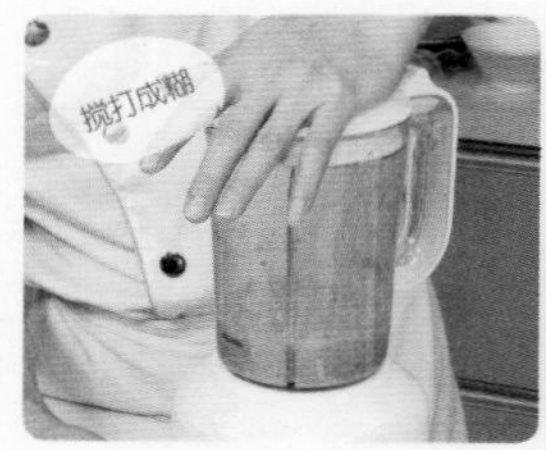

南瓜泥

原料

老南瓜100克，配方奶粉20克

做法

1 将洗净去皮的老南瓜切成片，放入蒸碗中。

2 蒸锅上火烧开，放入蒸碗，盖上盖，大火烧开后用中火蒸15分钟至熟。

3 揭盖，取出蒸好的南瓜片，将南瓜片放入备好的榨汁机里。

4 将配方奶粉用温水调匀，倒入榨汁机里，启动榨汁机，将南瓜片打成泥即可。

这个时期的宝宝还很小，消化能力比较弱，最好不要一次性喂食太多。

m&n bear

Chapter 2 6～12个月的宝宝补钙

宝宝对钙的需求因为年龄、生理状况等的不同而有差异。6～12个月的宝宝生长发育处于第一次“起飞”的状态，新陈代谢很快，如果家长大意疏忽，就很容易导致宝宝缺乏钙、铁、锌等营养成分。

细心的家长会给宝宝做一段时间的饮食日记，计算他每天的钙摄入量情况，再谨遵医嘱，配合一些食物来给宝宝补充营养。在补钙的同时，不忘补充其他营养成分，才是科学的补钙方式。

6~12个月的宝宝缺钙的征兆及补钙必知

你知道吗？6～12个月的宝宝每日需400毫克钙

到了6个月时，婴儿开始添加辅食，每天的喝奶量逐渐减少。而6～12个月的婴儿对钙的需求量每天增至400毫克。

这些征兆告诉你，你的宝宝缺钙了

惊醒

这个时期宝宝缺钙常常表现为不容易入睡，更不易进入沉睡状态，夜间常突然惊醒，啼哭不止。

烦躁

宝宝情绪烦躁，容易啼哭，对周围环境不感兴趣，有时家长发现宝宝不如以往活泼。

多汗

宝宝多汗，与温度无关，尤其是入睡后头部出汗，使宝宝头颅不断磨擦枕头，久之头部后面可见枕秃圈。

如果家长不太确定症状是否明显，可以咨询专业医师，如缺钙可按医师指导用药，并定期复查。

宝宝出牙时要不要补钙?

牙齿萌出的早与晚，是衡量宝宝生长发育状况的一个重要指标。一般地说，小孩出牙的早晚主要是由先天因素决定的。有的孩子在4个月时就开始出牙，也有的孩子到10个月才刚刚萌出第一颗乳牙。即使10个月以后，乳牙仍未萌出也不必紧张，只要身体没有其他疾病，推迟到一周岁左右萌出第一颗乳牙也关系不大。

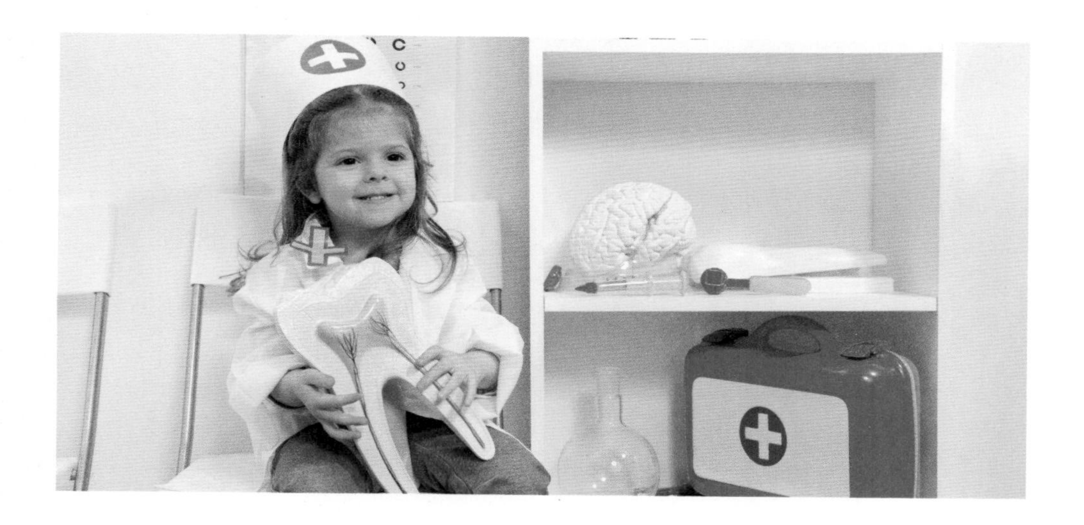

有些父母见到自己的孩子已10个月还没出牙，就认为孩子缺钙，急忙增加鱼肝油和钙粉的摄入量，甚至注射钙剂。这些做法都不可取。即使是出牙晚，常常也只是说明孩子的生长发育较慢，骨骼增长不快等问题，并不能说明缺钙，因为这些孩子所需的钙量比正常发育的孩子少。佝偻病的缺钙虽可影响孩子的出牙时间，但是这种程度的佝偻病还会伴有方颅、肋骨串珠、鸡胸、O型腿或X型腿等严重症状。因此，此时若给孩子过量口服鱼肝油或注射钙剂，容易引起中毒，影响孩子的健康。

因此，如果宝宝长到10个月还没出牙，父母不必过分焦急，不要滥用补钙品。只要注意喂养，合理而及时地添加各种辅助食品，让宝宝多参加户外活动，晒晒太阳，牙齿自然会长出来的。

宝宝辅食几个月开始添加比较合适

一般从4～6个月开始就可以给宝宝添加少量辅食了，6个月以后逐渐增多。但每个宝宝的生长发育情况不一样，存在着个体差异，因此添加辅食的时间也不能一概而论。可以通过以下几点来决定辅食是否应开始添加，什么时候添加。

1. 体重

宝宝的体重通常需要达到出生时的2倍，至少达到6千克。

2. 发育

发育不错的宝宝通常能控制头部和上半身，能够扶着或靠着坐，胸能挺起来，头能竖起来，宝宝可以通过转头、前倾、后仰等动作来表示想吃或不想吃，这样就不会发生强迫喂食的情况。

3. 吃不饱

宝宝经常半夜哭闹，或者睡眠时间越来越短，每天喂养次数增加，但宝宝仍处于饥饿状态，一会儿就哭，一会儿就想吃。当宝宝在6个月前后出现生长加速期时，是开始添加辅食的最佳时机。

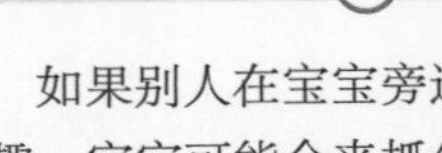

4. 行为

如果别人在宝宝旁边吃饭，宝宝会感兴趣。宝宝可能会来抓勺子、抢筷子，或者将手或玩具往嘴里塞，这些都说明宝宝对吃饭有了兴趣。这个时间可以尝试让宝宝自己进食，并在一旁加以指导，以免让勺子、筷子等物品刺伤宝宝娇嫩的皮肤。

5. 吃东西

当父母舀起食物放进宝宝嘴里时，如果宝宝会尝试着舔进嘴里并咽下，宝宝笑着，显得很高兴、很好吃的样子，说明宝宝对吃东西有兴趣，这时就可以放心给宝宝喂食了。如果宝宝将食物吐出，把头转开或推开父母的手，说明宝宝不愿吃，也不想吃。父母一定不能勉强，隔几天再试试。

食材处理工具与宝宝餐具

处理宝宝的食物要非常细心，传统的刀工比较难以将食材处理成最适合宝宝食用的类型。此外，给宝宝喂食也要区别对待，使用相应的餐具。

食材处理工具

①食物料理机

食物料理机可以为宝宝制作果汁和菜汁，或者将食物磨成泥。宝宝使用的食物料理机最好选择过滤网特别细的，而且可以分离部件清洗的。在使用之前要先用开水烫一遍，使用后也要彻底清洗。

②榨汁机

宝宝需要食用果汁和菜汁，所以榨汁机也是必不可少的，最好选购有特细过滤网、可分离部件清洗的。榨汁机是辅食前期的常用工具，在清洁方面要多加用心。

宝宝餐具

①食用碗

宝宝的食用碗最好选用平底的无毒、防高温碗，既要便于宝宝使用，也要便于清洁、消毒。颜色漂亮的碗也可以吸引宝宝的注意力，增加宝宝的食欲。

②勺子

宝宝的肾脏发育不完全，不能使用铁质和铝制的勺子。因为这些勺子可能会释放有毒物质，增加宝宝的肾脏负担。无毒、防高温的塑料勺是宝宝的最佳选择。

③水杯

宝宝从六七个月开始，就要慢慢练习用杯子喝水。宝宝用的杯子最好选用不怕摔、无毒、耐高温的塑料杯。另外，可爱的颜色和造型能够引发宝宝喝水的兴趣。

黄豆牛奶豆浆

水发黄豆75克，配方奶粉10克

做法

1 将已浸泡8小时的黄豆倒入碗中，加水搓洗干净，把洗净的黄豆滤出，沥干水分。

2 将奶粉倒入杯中，冲入适量温水，搅拌成牛奶，待用。

3 将沥干水分的黄豆倒入豆浆机内，加入适量清水，至水位线即可。

4 盖上豆浆机机头，选择“五谷”程序，再选择“开始”键，开始打浆，待豆浆机运转约15分钟，即成黄豆豆浆。

5 把榨好的豆浆倒入滤网，滤去豆渣，加入牛奶，搅拌均匀即可。

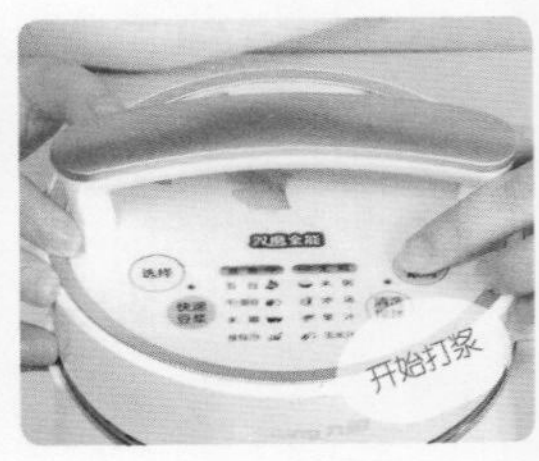

燕麦苹果豆浆

水发燕麦25克，苹果35克，水发黄豆50克

做法

1 洗净去皮的苹果去核，再切成小块；将已浸泡8小时的黄豆倒入碗中，放入泡发好的燕麦，加水搓洗干净，倒入滤网，沥干水分。

2 把苹果块倒入豆浆机中，放入沥干水分的食材，注入适量清水，至水位线即可。

3 盖上豆浆机机头，选择“五谷”程序，再选择“开始”键，开始打浆，待豆浆机运转约20分钟，即成豆浆。

4 将豆浆机断电，取下机头，把煮好的豆浆倒入滤网，滤取豆浆，倒入备好的杯中，用汤匙撇去浮沫即可。

苹果皮有很好的营养价值，可以不用去除。

牛奶香蕉小米粥

原料

水发小米80克，香蕉100克，配方奶粉30克

做法

1 将香蕉去皮，切成丁；配方奶粉倒入杯中，冲入适量温水，搅拌均匀，即成牛奶。

2 砂锅中注水烧热，倒入洗净的水发小米，盖上盖，大火烧开后转小火煮约55分钟，至米粒变软。

3 揭盖，倒入牛奶，搅拌均匀，大火煮沸，倒入香蕉丁，拌匀。

4 转中小火继续煮约20分钟，至所有食材完全熟烂，盛出煮好的牛奶香蕉小米粥，装在小碗中即可。

牛奶优钙米粥

水发优钙大米100克，配方奶粉40克

做法

1 砂锅中注入适量清水，大火烧开，倒入水发优钙大米。

2 盖上盖，改小火焖煮约30分钟至大米熟软。

3 将配方奶粉倒入杯中，取适量温水将配方奶粉冲泡成牛奶。

4 揭开盖，倒入冲泡好的牛奶，继续用小火煮至粥完全熟烂即可。

优钙米是钙含量非常高的一种大米，很适合给宝宝补钙强身。

苹果奶昔

苹果1个，配方奶粉60克

1 将洗净的苹果对半切开，去皮，切小块。

2 将配方奶粉倒入杯中，冲入适量温水，搅拌均匀成牛奶。

3 取榨汁机，选搅拌刀座组合，放入苹果，倒入适量牛奶。

4 盖上盖子，选择“搅拌”功能。

5 将苹果榨成汁后倒入杯中即可。

宝宝如果不爱吃偏凉的水果，可以将苹果榨汁后再稍稍加热。

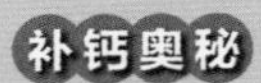

用配方奶粉冲泡的牛奶是食物中钙的良好来源，从补钙的角度看，宝宝晚上喝牛奶好处更多，因为晚上是宝宝血钙含量最低的时候。

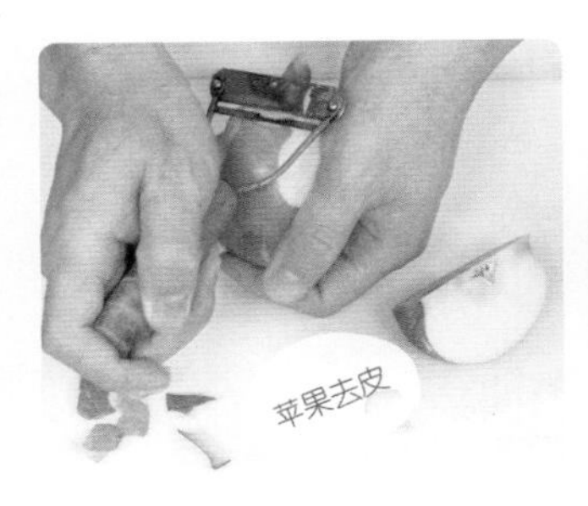

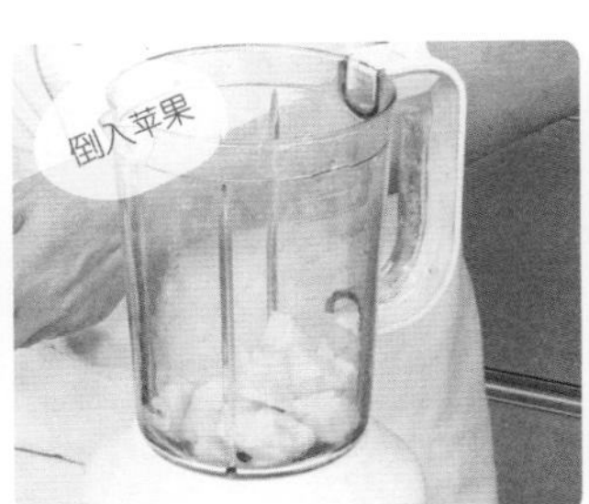

苹果泥

原料

苹果100克，熟土豆40克，配方奶粉30克

做法

1 将苹果切成1/4大小，去核。

2 将配方奶粉倒入杯中，冲入适量温水，搅拌均匀成牛奶。

3 将切好的苹果用榨汁机搅打成泥。

4 将苹果泥、熟土豆倒入碗中，倒入冲好的牛奶拌匀即可。

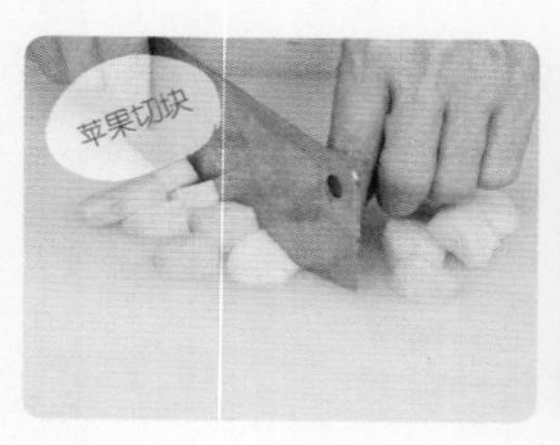

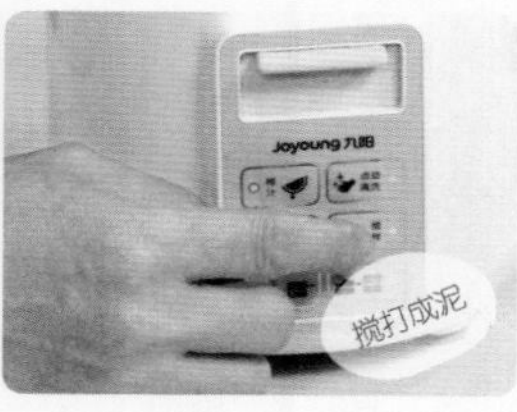

土豆菠菜泥

土豆300克，菠菜叶50克

1 将洗净的土豆放进电蒸锅中，盖上盖子，蒸约20分钟。
2 在沸水中放入洗净的菠菜叶，开大火煮1分钟后捞出。
3 待稍凉后切碎，再放入捣钵中捣碎。
4 将土豆去皮，压成泥状，与菠菜碎混合均匀即可。

焯水后的菠菜才有比较好的补钙效果。

虾仁豆腐泥

after the
no sign
from the
stolen th
The muse
cameras
the time
no sign of the pain fo
the theft.The
rity study
the capsu

虾仁45克，豆腐180克，胡萝卜50克

1 将洗净的胡萝卜切成粒；洗好的豆腐压烂，剁碎；用牙签挑去虾仁的虾线，把虾仁压烂，剁成末。

2 锅中倒入适量清水，接着放入切好的胡萝卜粒，盖上盖，烧开后用小火煮5分钟至胡萝卜熟透。

3 揭盖，下入豆腐，搅匀煮沸。

4 倒入备好的虾肉末，搅拌均匀，煮片刻，盛出即可。

虾仁入锅后不宜煮制过久，以免过老，失去鲜嫩的口感。

补钙奥秘

虾仁和豆腐是日常食物中营养含量较高的食物，其中虾仁中含有宝宝所需的蛋白质、钙、铁、B族维生素，而豆腐中则含有较多的钙、植物蛋白。

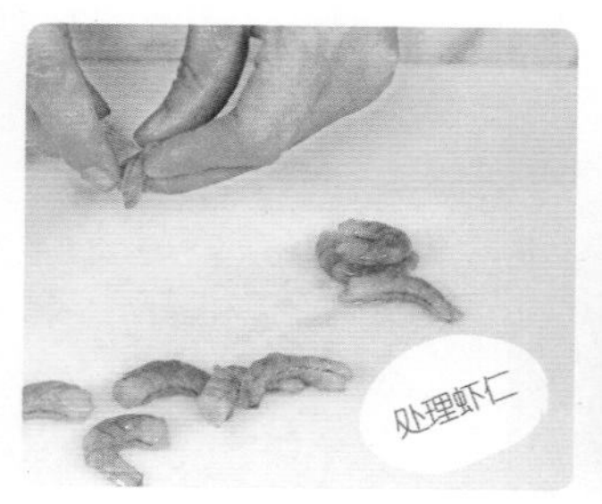

蛋黄泥

原料

鸡蛋1个，配方奶粉15克

做法

1 砂锅中注水烧热，放入鸡蛋，用大火煮几分钟至熟透，捞出鸡蛋，放入凉水中。

2 将放凉的鸡蛋去壳，剥去蛋白，留取蛋黄，把蛋黄装入碗中，压成泥状。

3 将适量温开水倒入奶粉中，搅拌至完全溶化。

4 把牛奶倒入蛋黄中，搅拌均匀，装入碗中即可。

炖鱼泥

草鱼肉80克，胡萝卜70克

做法

1 将洗净的胡萝卜切成片；洗好的草鱼肉切片，装碗。

2 蒸锅烧开，放入鱼片，再放入胡萝卜片，用中火蒸10分钟至熟，取出。

3 把鱼片压碎，剁成肉末；胡萝卜切碎，剁成末。

4 另起锅，倒入蒸鱼留下的鱼汤，放入鱼肉末、胡萝卜末，用锅勺搅拌均匀，煮至沸腾，盛出装碗即成。

鱼肉味道鲜美，也富含钙质等矿物质成分。应选择鱼刺较少的鱼。

核桃糊

米碎70克，核桃仁30克

1 取来榨汁机，选用搅拌刀座及其配套组合，倒入米碎，注入少许清水，盖好盖子，选择“搅拌”功能，制成米浆。

2 把洗好的核桃仁放入榨汁机中，注入少许清水，盖上盖子，选择“搅拌”功能，制成核桃浆。

3 汤锅置于火上加热，倒入核桃浆。

4 再放入米浆，搅散，拌匀，用小火续煮片刻至食材熟透，盛出即可。

核桃的个头较米碎大，要多搅拌几次，把核桃搅拌成细末，更有利于营养的消化吸收。

补钙奥秘

对于此阶段的宝宝来讲，富含钙、化学结构特殊的脂肪和蛋白质的核桃不仅在补钙上效果显著，还在宝宝脑发育方面有促进作用。

芝麻米糊

原料

粳米85克，白芝麻50克

做法

1 烧热炒锅，倒入洗净的粳米，小火翻炒一会儿至呈微黄色，倒入白芝麻炒香，盛出。

2 取来榨汁机，选用干磨刀座及其配套组合，倒入炒好的食材，盖上盖子，通电后选择“干磨”功能，磨一会儿至食材呈粉状，制成芝麻米粉。

3 汤锅中注水烧开，放入芝麻米粉，慢慢搅拌几下，用小火煮片刻至食材呈糊状。

4 关火后盛出煮好的芝麻米糊，放在小碗中即成。

核桃芝麻米糊

原料

糯米100克，黑芝麻20克，核桃仁30克，花生米15克

做法

1 花生米提前泡发，沥干水分；糯米提前数小时泡发，沥干水分。

2 炒热炒锅，倒入沥干水分的糯米，小火翻炒一会儿至米粒呈微黄色，再倒入黑芝麻，炒出芝麻的香味，盛出。

3 取榨汁机，选择干磨刀座及其配套组合，倒入炒好的食材、花生米、核桃仁，盖上盖子，通电后选择“干磨”功能，将食材磨成粉状，制成黑芝麻米粉。

4 汤锅中注入适量清水烧开，放入黑芝麻米粉，缓慢搅拌几下，用小火煮片刻至食材呈糊状，盛出即可。

要将食材磨得精细一些，幼儿食用后才能更好地吸收营养物质。

草莓香蕉奶糊

原料

草莓80克，香蕉100克，配方奶粉30克

做法

1 将洗净的香蕉切去头尾，剥去果皮，切成丁；洗好的草莓去蒂，对半切开。

2 将配方奶粉倒入杯中，冲入适量温水，搅拌均匀成牛奶。

3 取榨汁机，选择搅拌刀座组合，倒入草莓、香蕉丁。

4 加入适量牛奶。

5 盖上盖，选择“榨汁”功能，榨取果汁，倒出即可。

草莓切好后要立即使用，否则会降低其营养价值。

补钙奥秘

配方奶粉中含有丰富的钙、钾、磷，不仅口感好，还是利于消化的补钙好手。

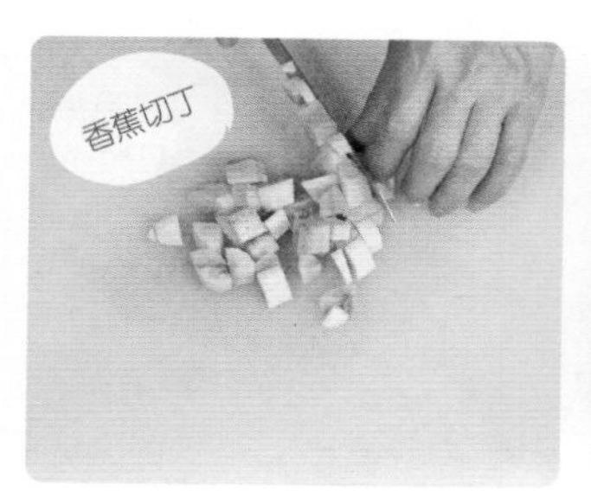

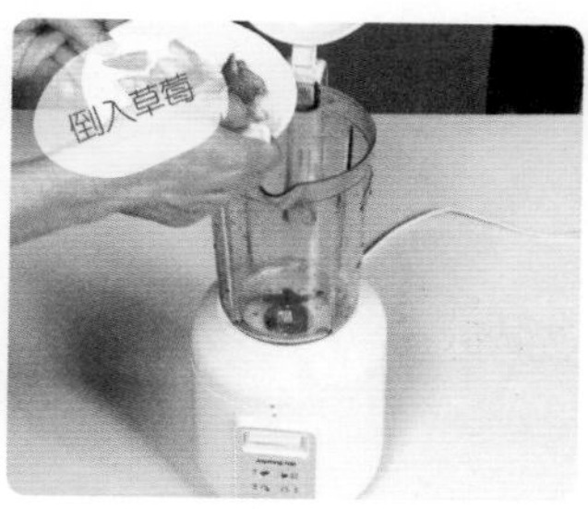

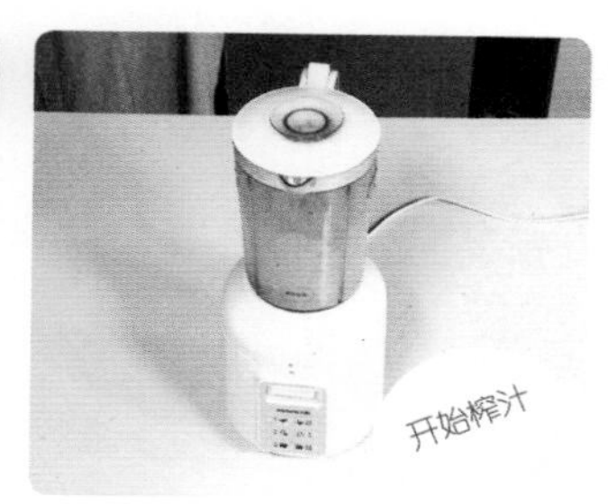

菠菜糊

原料

水发大米130克，菠菜50克

做法

1 锅中注水烧开，放入洗净的菠菜，焯煮一会儿，沥干水分，放凉后切成碎末，待用。

2 奶锅中注水烧开，放入洗净的水发大米，烧开后转小火焖煮约35分钟至煮成粥，盛出装碗，加入菠菜碎，拌匀，调成菠菜粥，待用。

3 备好榨汁机，倒入菠菜粥，盖好盖子，选择“榨汁”功能，待机器运转约40秒，搅碎食材，断电后倒出，滤在碗中。

4 奶锅置于旺火上，倒入菠菜糊，大火煮沸，盛入碗中即可。

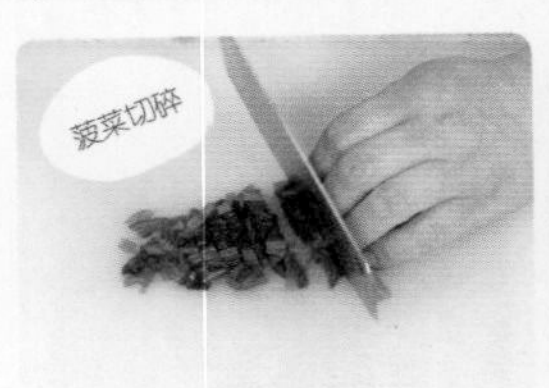

菠菜切碎

榨菠菜糊

鸡肉汤

鸡胸肉30克，胡萝卜30克，洋葱10克，配方奶粉40克

1 将胡萝卜放入沸水中，待水再次沸腾后再放入鸡胸肉和洋葱，煮2分钟后将洋葱捞起，再煮3分钟后，将鸡胸肉和胡萝卜捞起。
2 将鸡胸肉、胡萝卜及洋葱分别切成碎末。
3 将配方奶粉倒入杯中，冲入适量温水，搅拌均匀成牛奶。
4 取一锅，倒入牛奶，再倒入鸡胸肉、胡萝卜和洋葱。
5 一边搅拌一边用大火煮约50秒即可关火。

这个汤适合给10个月以上的宝宝食用，因为此时期宝宝消化功能增强，牙齿发育也需补充钙质。

豌豆浓汤

豌豆150克，配方奶粉50克

1 将豌豆放入沸水中，开大火煮1分钟。

2 用滤网将豌豆捞出，然后放到流动的水下方清洗，待冷却后将皮去掉，再将已去皮的豌豆放入捣钵中捣碎成泥。

3 将配方奶粉倒入杯中，冲入适量温水，搅拌均匀成牛奶。

4 将豌豆泥与牛奶均倒入锅中，一边搅拌一边煮40～50秒后关火，盛出即可。

蘑菇浓汤

口蘑50克，洋葱10克，配方奶粉50克

1 将口蘑洗净，去除根部后，切十字分成四等份；洋葱切碎。
2 在沸水中放入洋葱，开大火煮2分钟后，放入口蘑再煮1分钟，捞起，稍微放凉。
3 将配方奶粉倒入杯中，冲入适量温水，搅拌均匀成牛奶。
4 将口蘑与牛奶放入食物料理机中打碎。
5 锅中放入所有材料，一边搅拌一边用大火煮40~50秒后即可。

可以延长打碎的时间，将口蘑彻底打成泥糊状，以免宝宝出现抵触厌食的情绪。

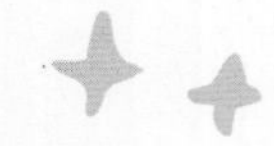

玉米浓汤

原料

甜玉米100克，配方奶粉40克

做法

1 将新鲜的甜玉米剥好粒，备用。

2 在沸水中放入甜玉米粒，开大火煮1分钟后用滤网捞起，沥干。

3 将配方奶粉倒入杯中，冲入适量温水，搅拌均匀成牛奶。

4 将甜玉米粒和一小部分牛奶放入食物料理机中搅打1分钟。

5 将食材倒入锅中，一边搅拌一边再倒入剩余牛奶，用大火煮40～50秒后即可关火。

土豆卷心菜浓汤

原料

土豆1个，卷心菜20克，配方奶粉40克

做法

1 土豆洗净去皮后，切成1厘米左右的方块。

2 将配方奶粉倒入杯中，冲入适量温水，搅拌均匀成牛奶。

3 在锅中放入土豆块，再倒入没过土豆块的水，开大火煮。

4 将土豆块煮3分钟，加入卷心菜再煮3分钟，捞起，将土豆块与卷心菜分别切碎。

5 取干净的锅，倒入牛奶与处理好的土豆、卷心菜，一边搅拌一边煮40~50秒后关火即可。

土豆切成小块，既可以缩短煮制时间，又方便煮好后切碎。

牛奶香蕉羹

原料

熟鸡蛋1个，香蕉120克，胡萝卜45克，配方奶粉30克

做法

1 将洗净的胡萝卜切粒；香蕉去皮，剁成泥状；熟鸡蛋去壳，取出蛋黄压碎。

2 将配方奶粉倒入杯中，冲入适量温水，搅拌均匀成牛奶。

3 汤锅中注水烧热，倒入胡萝卜，烧开后用小火煮5分钟至其熟透，捞出，切碎，剁成末。

4 汤锅中注水烧热，倒入香蕉泥、胡萝卜末、牛奶，拌匀煮沸，倒入压碎的鸡蛋黄，拌匀。

5 盛出煮好的汤羹，装入备好的碗中即可。

胡萝卜芝士

原料

胡萝卜10克，蔬菜汤15毫升，芝士15克

做法

1 将胡萝卜洗净，去皮，装入蒸盘，待用。

2 蒸锅中注入适量清水烧热，放入蒸盘，将胡萝卜蒸熟后取出，再压成泥。

3 将芝士捣成泥。

4 加热蔬菜汤，放入胡萝卜泥、芝士泥，搅拌均匀即可。

蔬菜汤可以是用芹菜煮出来的汁，这样补钙效果更好。

胡萝卜牛奶汁

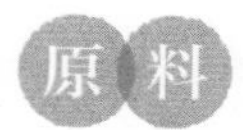

去皮胡萝卜200克，配方奶粉40克，苹果汁30毫升

1 洗净去皮的胡萝卜切块，待用。

2 将配方奶粉倒入杯中，冲入适量温水，搅拌均匀成牛奶。

3 榨汁机中倒入胡萝卜块，加入牛奶。

4 倒入苹果汁，注入60毫升凉开水。

5 盖上盖，榨约20秒成蔬果汁，揭开盖，将蔬果汁倒出即可。

1岁以内的宝宝不适合吃太甜的食物，可以将苹果榨汁后加少许水稀释。

宝宝食欲很差时可以考虑在辅食中加入苹果汁，以及富含维生素A的胡萝卜。既能帮助消化吸收丰富的钙质，还能增强免疫力。

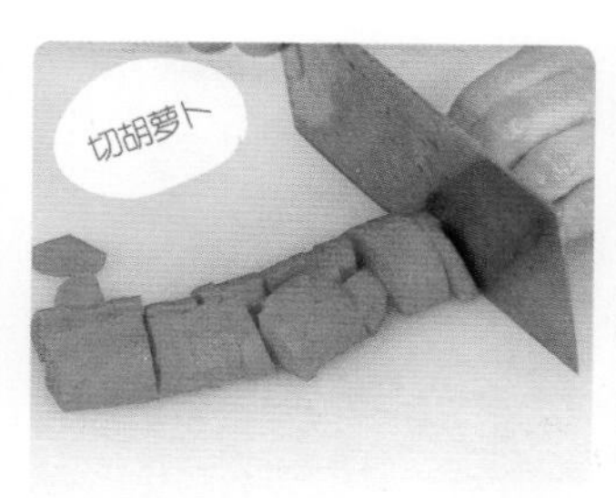

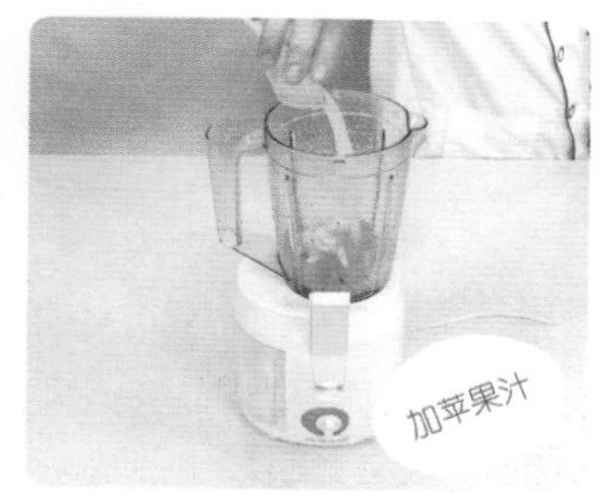

蔬菜牛奶羹

西蓝花80克，芥菜100克，配方奶粉50克

做法

1 洗好的芥菜切成丁；洗好的西蓝花切成小块。

2 将配方奶粉倒入杯中，冲入适量温水，搅拌均匀成牛奶。

3 选择榨汁机搅拌刀座组合，把西蓝花块、芥菜丁倒入杯中，加适量清水，选择“搅拌”功能，榨取西蓝花汁。

4 将蔬菜汁倒入汤锅中，拌匀，用小火煮约1分钟。

5 加入牛奶，用勺子不停搅拌，烧开，盛出，装入碗中即成。

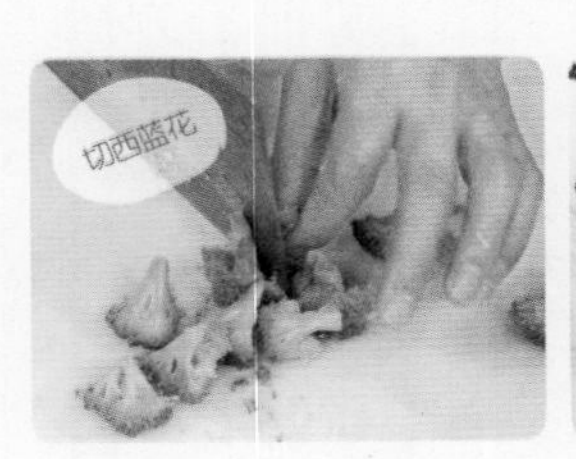

芝士豆腐

板豆腐200克，儿童低盐芝士2片

1 板豆腐用沸水烫1分钟后捞出，放凉，其中的1/3切成1厘米大小，2/3切成2厘米大小。

2 将芝士每片切成十二等份。盘子上铺一层厨房餐巾纸，将豆腐上的水吸干。

3 用耐热的容器装豆腐，将芝士片放在豆腐上面。

4 放入微波炉里加热40～50秒，至芝士化开即可。

可给宝宝选择针对补钙的芝士，这类芝士含有丰富的蛋白质、钙、脂肪、磷等营养成分。

奶油豆腐

妈妈们选择芝士时要选择少盐或者无盐的。

10个月以上的宝宝对钙质的需求猛增，从豆腐、芝士中获取大量所需的钙质是非常科学的方法。

芝士30克，豆腐200克，胡萝卜少许

食用油少许

1 将洗净去皮的胡萝卜切丝，再切成粒；洗好的豆腐切成小块。

2 锅中注水烧开，倒入豆腐块煮沸，加入胡萝卜粒，煮5分钟至其八分熟，捞出焯煮好的豆腐块和胡萝卜粒，沥干水，装入盘中。

3 另起锅，注入油烧热，再倒入焯过水的豆腐和胡萝卜粒。

4 加入备好的芝士，快速拌炒均匀，盛出装入碗中即可。

Chapter 3

1～3岁的宝宝补钙

1～3岁的宝宝消化功能逐步完善，这时候可以由全糊状、液体的流食类食物，慢慢转变为稍微带一点咀嚼性的食物，比如蛋饼、豆腐泥、儿童面条等等。在给这个阶段的宝宝喂各种辅食前，要了解宝宝成长的情况和日常的一些基本症状，结合宝宝的口味喜好，来制作一些补钙的食物，切不可盲目跟风一味补钙，这样只会适得其反。

1～3岁的宝宝缺钙的症状及补钙必知

你知道吗？1～3岁的宝宝每日需600毫克钙

1～3岁时，宝宝对钙的摄取量应增至每天600毫克。可他们的饮食是从以奶类为主，逐渐过度到以谷类为主的。调查显示，我国1～3岁婴幼儿饮食中的钙仍达不到需求量，因此，每天还应为宝宝补钙150～300毫克，奶及奶制品仍是饮食中不可缺少的成分。宝宝每天最好喝奶400毫升左右，同时注意摄入奶制品、骨头汤、小虾皮、鱼类等富含钙质的食物。

1～3岁的宝宝如果缺钙，有什么症状？

儿童时期是人一生骨钙积累的关键时期，儿童缺钙对生长发育的影响不容小觑。那么，孩子缺钙的主要表现有哪些呢？

1. 白天烦躁不安，晚上不容易入睡，夜间常突然惊醒，啼哭不止。
2. 多汗，即使天气不是很热，也容易出汗，尤其是夜间啼哭后出汗更明显。
3. 厌食、偏食，身体发育不良，比同龄孩子出牙晚。
4. 免疫力低，容易感冒。
5. 易发湿疹，常见于头顶、面部、耳后，患病时常伴有哭闹不安的症状。
6. 前额高突，形成方颅。
7. 常有串珠肋，会压迫肺部，使宝宝通气不畅，易患气管炎、肺炎。
8. 严重时，会导致佝偻病、X 型腿、O 型腿等。

宝宝缺钙的原因

不少妈妈可能会有这样的疑惑：为什么孩子好端端的会缺钙呢？而且在平时的饮食中明明已经有意识地让孩子多摄入钙了，为什么还是缺钙呢？下面，就让我们一起来看看孩子缺钙到底是什么原因引起的吧。

①**饮食过于单一。**饮食搭配不合理，含钙食品摄入过少，是引起儿童缺钙的重要原因之一。例如6个月以后的宝宝，如果仍然单纯用母乳喂养，而不注意辅食的添加，钙质便会摄入不足，容易出现缺钙症状。

②**钙磷比例失衡。**很多孩子都喜欢吃一些如可乐、咖啡、汉堡、炸薯条等含磷量高的食物，而这些食物中过多的磷会把钙从体内“赶走”。

③**对钙的需求量增大。**婴幼儿时期和青春期的骨骼生长迅速，需要大量的钙质，如果每日钙的摄入量不足，便无法满足生长发育的需要，从而出现串珠肋、X型腿、O型腿等缺钙症状。

④**钙的吸收减少。**城市建设的不断加快，让我们的生活变得快捷便利，然而高层建筑的日益增多，也使得儿童接受阳光照射的机会变得越来越少，导致体内维生素D的合成不足。维生素D对钙的吸收具有促进作用，如果维生素D减少，必然会引起钙吸收的减少。此外，诸如腹泻、肝炎、胃炎、呕吐等疾病的发生，也会引起钙吸收不良或钙的大量流失。

⑤**钙储备量不足。**如果妈妈在孕期缺钙的话，就很容易导致宝宝在出生后的钙储备量不足。尤其是早产和多胎妊娠的婴儿，容易出现夜惊、多汗等缺钙症状。

宝宝补钙需注意的事项

或许很多家长认为宝宝缺钙了，就应该“大补特补”，在饮食中一切以补钙为主，这样的想法是不科学、不合理的。宝宝补钙需要注意以下几个事项。

宝宝补钙期间不能喝碳酸饮料。碳酸饮料不仅会影响宝宝对钙的吸收，而且还可能会因为其中的糖分导致宝宝产生肥胖等问题。

钙并非补得越多越好，如果短时间内摄入含钙量过高的食物，很有可能造成尿道结石等问题。特别是一些垃圾食品，即使有补钙的食材，但热量过高，就不能考虑给宝宝食用。

菠菜、茭白和韭菜等含草酸较多的蔬菜，应当先用热水浸泡以溶去草酸，否则会降低钙的吸收。

熬骨头汤补钙的时候，可以在汤里加点醋，这样有助于钙的吸收。

吃鱼肝油补钙的时候要注意鱼肝油含有较多维A，而维A是可以在体内蓄积的，超过一定剂量就可能引起维A中毒，所以鱼肝油不能天天吃。

草莓酸奶昔

酸奶30克，草莓60克

1 将洗净的草莓切小块，备用。
2 取搅拌机，选择搅拌刀座组合，倒入部分切好的草莓，放入酸奶，盖好盖。
3 通电后选取“榨汁”功能，快速搅拌一会儿，至榨出果汁。
4 断电后倒出榨好的果汁，装入杯中即可。

草莓切好后要立即食用，否则会降低其营养价值。酸奶放太久同样会降低营养价值。

哈密瓜酸奶

哈密瓜200克，酸奶50毫升

1 将洗净去皮的哈密瓜切厚片，再切条，改切成粒。
2 将酸奶倒入砂锅中，加热煮沸。
3 倒入切好的哈密瓜，略煮片刻。
4 边煮边搅拌，使其更入味，煮至熟烂后盛出即可。

酸奶容易粘锅，煮时要时不时搅动一下，以免营养成分流失。

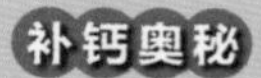

哈密瓜是一种消暑解渴、味道清甜的水果，搭配富含钙质的酸奶一起给宝宝食用，能够令宝宝吃得更舒心，营养吸收更轻松。

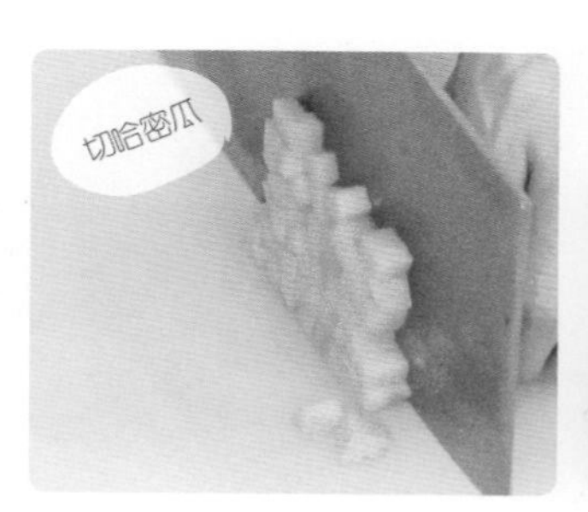

姜汁黑豆豆浆

姜汁30毫升，水发黑豆45克

1 把姜汁倒入豆浆机中，倒入洗净的水发黑豆，注入适量清水，至水位线即可。

2 盖上豆浆机机头，选择“五谷”程序，再选择“开始”键，开始打浆，待豆浆机运转约15分钟，即成豆浆。

3 将豆浆机断电，取下机头，把煮好的豆浆倒入滤网，滤取豆浆。

4 倒入备好的碗中，再用汤匙撇去浮沫即可。

木瓜豆腐芝士

木瓜160克，儿童芝士50克，牛奶适量

做 法

1 将木瓜洗净去皮、籽，将果肉切成块，装入蒸盘中；将儿童芝士切成碎。

2 蒸锅中注入适量清水，大火烧开，放入蒸盘，盖上盖，蒸约10分钟至食材熟软。

3 揭开盖，取出蒸好的木瓜肉，按压成泥。

4 将木瓜泥、芝士碎、牛奶倒入榨汁机中，使用“搅打”功能，将食材打成糊状即可。

芝士富含钙质，但对于消化能力较差的宝宝来说，最好避免生吃。

菠菜牛奶碎米糊

原料

菠菜80克，牛奶100毫升，大米65克

做法

1 锅中加水烧开，放入洗好的菠菜，拌煮至熟软，去除草酸，捞出。

2 取榨汁机，选择搅拌刀座组合，将菠菜放入杯中，倒入适量清水，盖上盖，选择“搅拌”功能，将菠菜榨出汁，倒入碗中。

3 选干磨刀座组合，将大米放入杯中，拧紧杯子与刀座，然后，套在榨汁机上，并拧紧，选择“干磨”功能，将大米磨成米碎。

4 锅置火上，倒入菠菜汁，煮沸，加入牛奶、米碎，用勺子持续搅拌一会儿，煮至成浓稠的米糊即可。

菠菜蛋黄粥

菠菜叶20克，大米50克，蛋黄1颗

1 将大米清洗干净，放入锅中，注入适量清水，大火煮沸后转小火续煮一会儿。

2 菠菜叶放入沸水中煮1～2分钟，捞出，放凉后切碎。

3 将备好的蛋黄放在砧板上，用勺子压碎。

4 将菠菜叶碎、蛋黄碎先后放入锅中，充分搅拌均匀，煮至熟软，关火，焖一会儿，盛出即可。

宝宝的粥可以煮得烂一点，续焖一会儿能够让粥的口感更好。

鱼肉玉米粥

草鱼肉70克，玉米粒60克，水发大米80克，圣女果75克

盐少许，食用油适量

1 汤锅中注水烧开，放入圣女果，烫煮半分钟，捞出，去皮，剁碎；洗净的草鱼肉切小块；洗好的玉米粒切碎。

2 用油起锅，倒入鱼肉块，炒出香味，倒入适量清水，小火焖煮5分钟至熟。

3 用锅勺将鱼肉压碎，把鱼汤滤入汤锅中，放入水发大米、玉米碎，拌匀，用小火焖煮30分钟至食材熟烂。

4 下入圣女果碎，拌匀，加入少许盐，拌匀煮沸，盛出装碗即可。

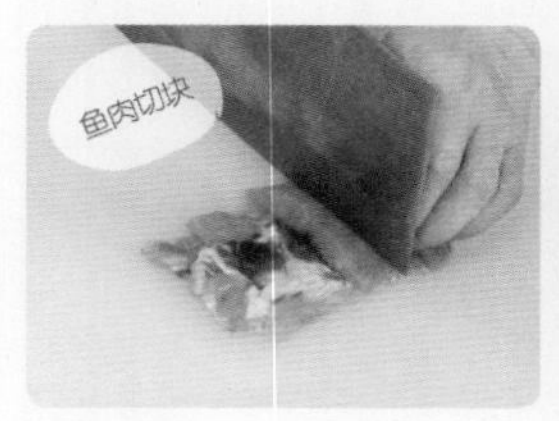

柴鱼粥

米50克，柴鱼干适量

盐少许

1 将米淘洗干净，放入锅中，加入5杯水，放置1小时。

2 锅置火上，将米粥煮沸后，转成中火煮2分钟，再转成小火，熬煮30分钟。

3 煮好的米粥中放入少许盐，搅匀。

4 将米粥盛入碗中，加入柴鱼干即可。

2到3岁的孩子偶尔不舒服时会不想吃东西。这时给他吃一些较软的米粥能为其补充能量和营养。

鲈鱼嫩豆腐粥

鲜鲈鱼100克，嫩豆腐90克，大白菜85克，大米60克

盐少许

做法

1 洗好的嫩豆腐切小块；洗净的鲈鱼取鱼肉；洗净的大白菜剁末；取榨汁机，选择干磨刀座组合，放入大米，磨成米碎。

2 将鱼肉放入烧开的蒸锅中，大火蒸5分钟至熟透，取出，压碎剁末。

3 汤锅中注水，倒入米碎拌煮半分钟，调成中火，再倒入鱼肉泥、大白菜末，煮约2分钟至熟透。

4 加入适量盐，拌匀调味，倒入豆腐块，搅碎，煮至熟透，盛出即可。

制作此粥时，最好选用鱼刺最少的鱼腹，而且要非常仔细地把鱼刺去除干净，否则宝宝食用时易卡喉。

补钙奥秘

在这道粥中，鲈鱼、豆腐、大白菜都是各自领域当中的优质补钙能手。三种补钙高手齐聚，以大米为载体来熬粥，成了宝宝补充钙质的极佳方法。

虾仁西蓝花碎米粥

虾仁40克，西蓝花70克，胡萝卜45克，大米65克

盐少许

做法

1 将去皮洗净的胡萝卜切成片；用牙签将虾线挑去，剁成虾泥。

2 锅中注水烧开，放入胡萝卜片、西蓝花，拌煮至断生，捞出后分别剁末。

3 取榨汁机，将大米放入杯中，选择“干磨”功能，将大米磨成细米碎。

4 汤锅中注水烧热，倒入米碎，持续搅拌1分钟，加入虾泥、胡萝卜末、西蓝花末，拌匀，煮至食材熟软，放入盐调味即可。

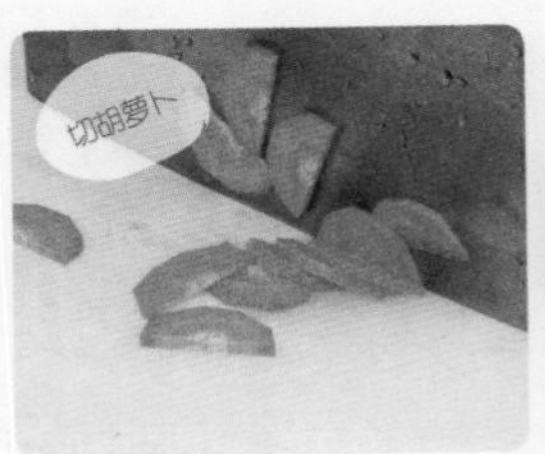

菠菜蒸蛋羹

菠菜25克，鸡蛋2个

盐0.5克，芝麻油适量

1 择洗好的菠菜切碎；鸡蛋打入碗中，用筷子搅散打匀。

2 在蛋液中倒入清水搅匀，放入盐，搅匀调味，再放入菠菜碎。

3 备好电蒸锅，注水烧开，将蛋液放入，盖上锅盖，将时间旋钮调至10分钟。

4 掀开锅盖，将蛋羹取出，淋上适量芝麻油即可食用。

蒸鸡蛋的时候可以封上一层保鲜膜，蒸好的蛋羹会更平滑。

水果蔬菜布丁

香蕉75克，苹果80克，土豆80克，鸡蛋1个，配方奶粉10克

做法

1 去皮洗净的土豆切片；去皮洗好的苹果去核，剁碎；香蕉去皮，剁成泥；鸡蛋取蛋黄；奶粉加水，调匀。

2 蒸锅注水烧开，放入土豆片，用中火蒸5分钟至熟软，取出剁成泥。

3 把土豆泥装入碗中，加入香蕉泥、调好的配方奶、蛋黄、苹果碎，拌匀。

4 把拌好的材料倒入另一个碗中，放入烧开的蒸锅中，用中火蒸7分钟，取出，再倒入备好的碗中即可。

三文鱼泥

三文鱼肉120克

盐少许

1 蒸锅注水，上火烧开，放入三文鱼肉，盖上锅盖，用中火蒸约15分钟至鱼肉熟透。

2 揭开锅盖，取出三文鱼肉，放凉，备用。

3 取一个干净的大碗，放入三文鱼肉，压成泥状，加入少许盐，搅拌均匀，至其入味。

4 另取一个干净的小碗，盛入拌好的三文鱼泥即可。

三文鱼泥不加盐也可直接食用，但味道会逊色一点，可能宝宝就不太爱吃了。

胡萝卜豆腐泥

胡萝卜85克，鸡蛋1个，豆腐90克

盐少许，水淀粉3毫升

此道辅食中可适量加入一些肉、蛋，搭配食用既能遮盖胡萝卜的味道，营养也更全面。

做法

1 把鸡蛋打入碗中，打散调匀；洗好的胡萝卜切丁；洗净的豆腐切小块。

2 把胡萝卜丁放入烧开的蒸锅中，中火蒸10分钟至其七成熟，放入豆腐块，用中火蒸5分钟至食材熟透，取出。把胡萝卜剁成泥状，豆腐用刀压烂。

3 汤锅中注水，放入盐，倒入胡萝卜泥，用锅勺轻轻搅拌一会儿，放入豆腐泥，搅拌均匀，煮沸。

4 倒入备好的蛋液，搅匀，煮开，加入适量水淀粉，快速搅拌均匀，盛出即可。

补钙奥秘

豆腐是常见的补钙佳品，还可以补充小儿生长发育必需的其他矿物质元素；鸡蛋含钙量低于豆腐，但它含有丰富的维生素D，能够帮助钙吸收。

薯泥鱼肉

土豆150克，草鱼肉80克

1 将洗好的草鱼肉切成片；去皮洗净的土豆切成片。

2 将土豆片、鱼肉片分别装入盘中，放入烧开的蒸锅中，用中火蒸15分钟至熟，取出。

3 取榨汁机，选搅拌刀座组合，杯中放入土豆片、鱼肉片。

4 拧紧刀座，选择“搅拌”功能，把鱼肉片和土豆片搅成泥状，倒入碗中即可。

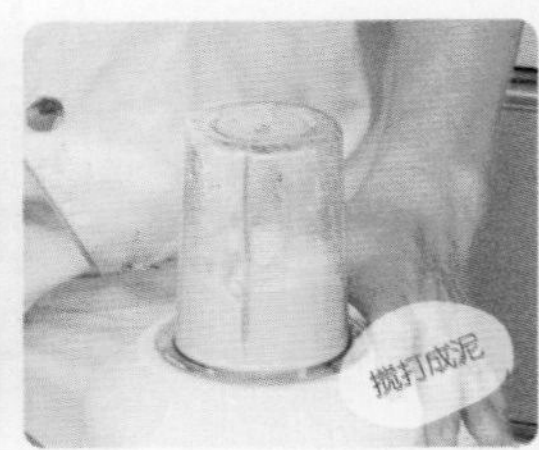

三色豆腐虾泥

胡萝卜80克，虾60克，油菜30克，豆腐50克

食用油少许

1 胡萝卜洗净，去皮切碎；虾去头、皮、虾线，剁成虾泥；油菜洗净，切去老根。

2 将油菜焯水后捞出，切成碎末；豆腐冲洗过后，压成豆腐泥。

3 在锅内倒油，烧热后下入胡萝卜碎煸炒至半熟，放入虾泥和豆腐泥，继续翻炒。

4 炒至食材八成熟时，加入油菜末，继续翻炒至所有食材熟烂，盛出即可。

这道菜不仅能补充钙等营养，还能促进宝宝体内废物的排出。

奶味软饼

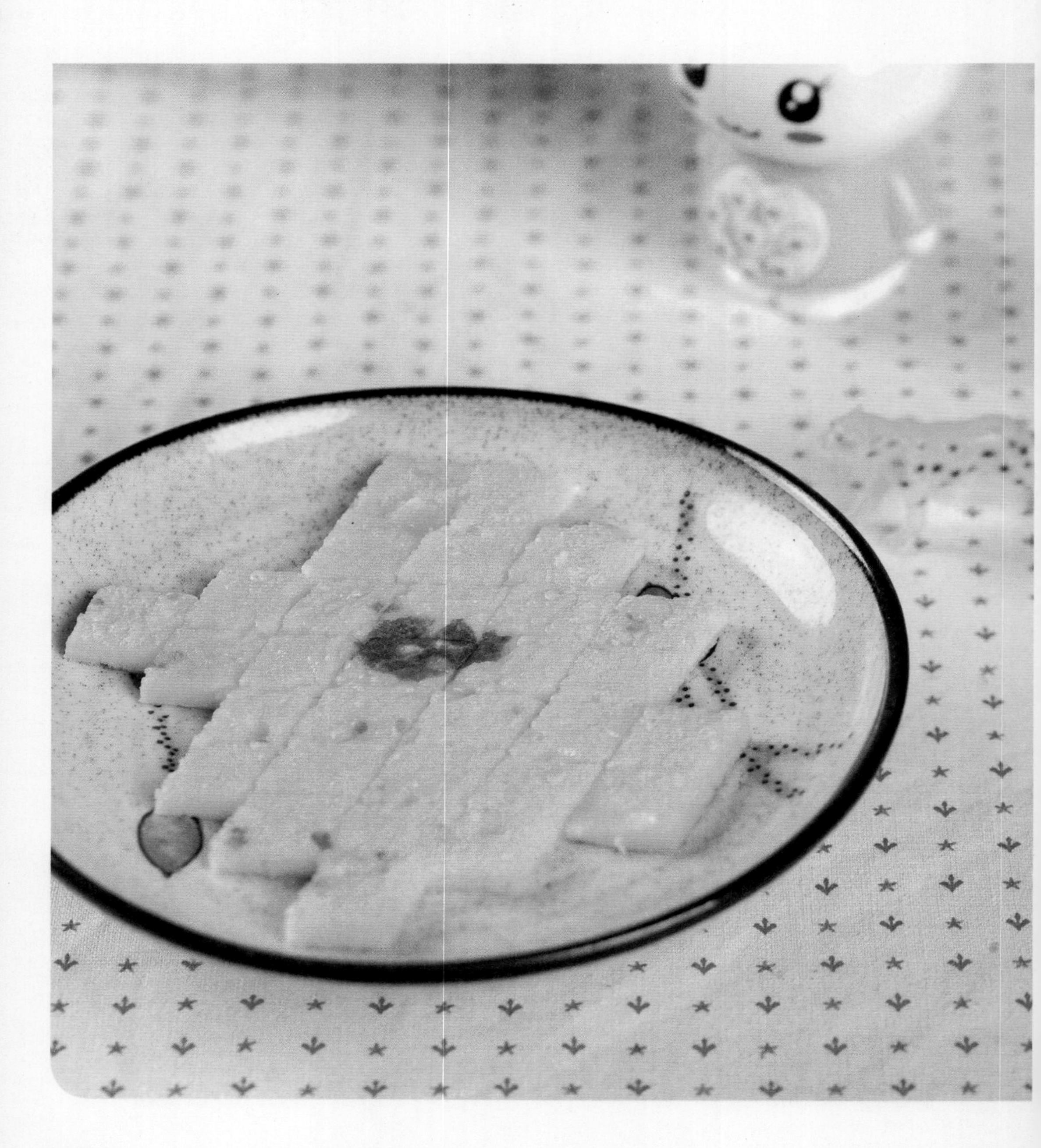

鸡蛋1个，牛奶150毫升，面粉100克，黄豆粉80克

盐少许，食用油适量

做法

1 锅中注水烧热，倒入牛奶，加入盐，倒入黄豆粉，拌成糊状，打入鸡蛋，搅散，制成鸡蛋糊，盛出。

2 将面粉倒入大碗中，放入鸡蛋糊，搅拌匀，制成面糊，注入适量水，拌匀

3 平底锅烧热，注油，取少许面糊放入锅中，用木铲压平，煎片刻，再倒入剩余面糊，压平，制成饼状。

4 轻轻翻动面饼，转动平底锅，煎香，将面饼翻面，煎约1分钟至两面熟透，盛出再切成适合宝宝食用的块即成。

煎制这款软饼时，待其成形后应用小火，以免软饼焦糊，导致口感过硬。

补钙奥秘

牛奶是乳钙含量最为丰富的一类食物，是生长发育期的极佳营养源。黄豆粉含有很多的钙及其他营养素，而且还比直接食用黄豆更利于消化吸收。

鱼肉蛋饼

原料

草鱼肉180克，鸡蛋1个，葱末少许

调料

盐少许，番茄汁少许，水淀粉少许，食用油适量

做法

1 将洗净的草鱼肉切成片，装入盘中，备用。

2 将鱼肉片放入烧开的蒸锅中，盖上盖，用中火蒸8分钟至熟。将蒸好的鱼肉取出。把鱼肉压碎，剁成鱼肉末。

3 鸡蛋打入碗中，用筷子打散，放入少许葱末，搅拌匀，再倒入鱼肉末，搅拌均匀。最后放入少许盐、水淀粉，拌匀。

4 煎锅注油，倒入鸡蛋鱼肉糊，用锅铲抹平，用小火煎至成形，煎出焦香味，翻面，煎至蛋饼呈微黄色，盛出即可。

虾干煎饼

鸡蛋1个，卷心菜10克，猪肉泥50克，虾干20克，小麦粉100克

1 卷心菜切成细丝；虾干切碎。

2 猪肉泥放入微波炉中加热1分钟，搅拌，备用。

3 将鸡蛋打入碗中，搅匀，加入水，再放入小麦粉、卷心菜丝、虾干碎和猪肉泥，搅拌均匀，备用。

4 平底锅烧热，倒入搅拌好的食材，煎成饼即可。

适合2岁以上的宝宝食用，对其牙齿生长和长高都十分有益。

豆腐胡萝卜饼

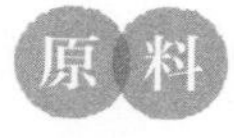

豆腐200克，胡萝卜80克，鸡蛋40克，面粉适量

食用油适量

1 洗净去皮的胡萝卜切成片，切丝，再切碎。将胡萝卜碎装入碗中，再放入豆腐，拌匀。

2 倒入鸡蛋、面粉，搅拌片刻，再倒入清水，搅拌匀，制成面糊，待用。

3 用油起锅，倒入适量面糊。

4 煎至金黄色，翻面，煎至熟透，盛出装入盘中即可。

煎饼的时候一定要待饼完全定型后再翻面，这样不易碎。

此时期宝宝牙齿生长速度很快，能够适应带点咀嚼性的食物。可做一些口感不错的饼来满足宝宝的口感需求，还能帮助宝宝从豆腐中吸收充足的钙质。

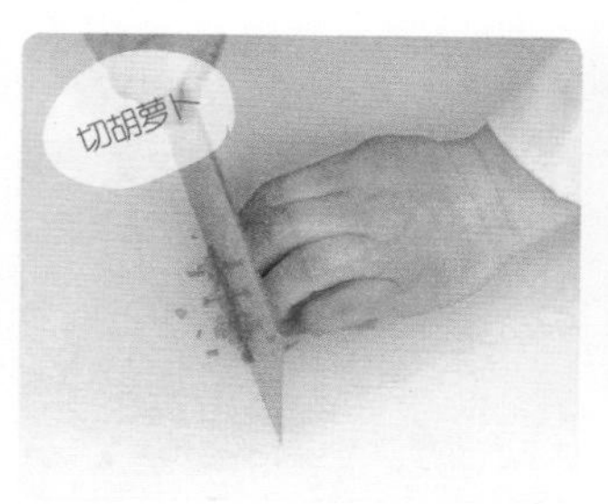

苹果泥豆腐粒

原料

板豆腐100克，苹果80克

调料

食用油适量

做法

1 板豆腐用沸水烫1分钟，捞出，沥干水分，待稍微凉了后切成1厘米大小，接着放在餐巾纸上吸干水。

2 苹果削皮去核，用研磨钵磨成泥。

3 平底锅中均匀倒入食用油，放入豆腐块，开小火煎1分钟后，轻轻翻面再煎，至两面金黄即可。

4 平底锅用厨房餐巾纸擦拭后，放入苹果泥和水，开小火，一边搅拌一边煮4～5分钟，起锅淋在豆腐上即可。

蛋黄豆腐

鸭蛋黄1个，南豆腐140克，葱花少许

盐少许，食用油适量

1 将南豆腐切成块，装入盘中；将鸭蛋黄装入碗中，加入少许盐，打散调匀。

2 蒸锅上火烧开，放入南豆腐块，用中火蒸约8分钟至熟软，取出。

3 炒锅中注入适量食用油烧热，小心放入蒸好的豆腐块，用小火煎一小会儿。

4 淋入蛋液，煎至蛋液刚刚成形，盛出装盘，撒上少许葱花作装饰即可。

鸭蛋中的钙质含量要高于鸡蛋，所以给宝宝补钙可以尝试用鸭蛋代替鸡蛋。

肉松鲜豆腐

原料

肉松30克，火腿50克，小白菜45克，豆腐190克

调料

盐少许，生抽2毫升，食用油适量

做法

1 豆腐洗净，切成小方块；小白菜洗净，切粒；火腿切粒。

2 锅中注水烧开，放入盐、豆腐块，煮1～2分钟，捞出，沥干后装入碗中，备用。

3 用油起锅，倒入切好的火腿粒，炒出香味。

4 下入小白菜粒炒熟，加生抽、盐炒匀，盛出放在豆腐块上，放上肉松即可。

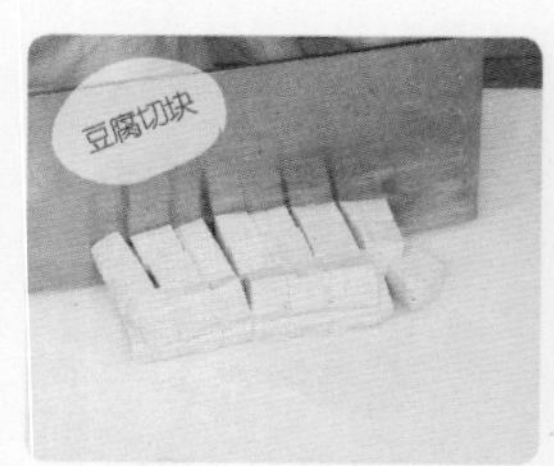

双色鸡蛋

水煮鸡蛋1个，水煮鸭蛋1个

盐少许，白糖3克

1 将水煮鸡蛋和水煮鸭蛋分成蛋白和蛋黄，蛋白切成1厘米左右的小块，备用。

2 将蛋黄捣碎，再与白糖和盐混合均匀。

3 将蛋黄与蛋白混合均匀，取1/4用模具压成小兔子的形状，作为宝宝餐。

4 剩下的3/4放入一个小碗中，压实后倒扣出来，即为大人餐。

简单无味的鸡蛋被改造成小兔子的形状，宝宝会吃得更多。

鳕鱼蒸鸡蛋

鳕鱼100克，鸡蛋2个，南瓜150克

盐1克

用蒸的方式，让大人和宝宝都爱上鱼和鸡蛋搭配的嫩滑。

1 将洗净的南瓜切成小块。烧开蒸锅，放入南瓜块、鳕鱼，用中火蒸15分钟至熟，把蒸熟的南瓜块、鳕鱼取出。

2 用刀把鳕鱼压烂，剁成泥状，再把南瓜压烂，剁成泥状，待用。

3 鸡蛋打入碗中，打散调匀。在蛋液中加入南瓜泥、部分鳕鱼泥，放入少许盐，搅拌匀。

4 将拌好的材料装入两个碗中，放在烧开的蒸锅内，盖上盖，用小火蒸8分钟，关火，取出，再放上剩余的鳕鱼肉即可。

鳕鱼含蛋白质、钙、磷、铁等营养成分，对于小宝宝来说是一种纯天然的营养佳品。鳕鱼肉鲜嫩无比，给宝宝吃蒸的鳕鱼是非常科学的补钙方式。

虾泥萝卜

虾仁70克，胡萝卜150克，鸡蛋1个，瘦肉75克，干贝少许

生抽2毫升，盐1克，水淀粉10毫升，生粉适量，食用油适量

做法

1 鸡蛋取蛋清，装碗；胡萝卜去皮，切小片；水发好的干贝压碎。

2 瘦肉洗净，切碎。虾仁去虾线，与瘦肉同绞成泥，加盐、蛋清拌至起浆，即成肉蛋泥。

3 锅中注水烧开，放盐，倒入胡萝卜片煮熟，捞出装盘。胡萝卜片上抹生粉，放上肉蛋泥，再抹上蛋清，放入干贝碎。

4 把制作好的虾泥萝卜放入烧开的蒸锅中蒸熟。油锅烧热，加清水、生抽、盐、水淀粉调成汁，淋在虾泥萝卜上即可。

芝士西式炒蛋

蛋黄4个，配方奶粉20克，儿童用低盐芝士片10克

食用油少许

1 将芝士片撕成小块。

2 将配方奶粉倒入杯中，冲入适量温水，搅拌成配方奶。

3 将蛋黄、配方奶、芝士片放入碗中拌匀，备用。

4 平底锅中放入食用油，倒入已经拌匀的食材。

5 开小火拌炒2分钟，均匀炒熟盛出即可。

宝宝补钙要选择儿童用低盐芝士片，最好不要用其他芝士，因为其中可能有很多添加剂。

鲜菇蒸虾盏

原料

鲜香菇70克，虾仁60克，香菜叶少许

调料

盐少许，生粉12克，黑芝麻油、水淀粉各适量

做法

1 虾仁洗净，挑去虾线，剁成泥，加盐、水淀粉搅拌至上劲，制成虾胶；香菜叶洗净，浸在水中。

2 香菇洗净，焯水，捞出，放在盘中，放上生粉、虾胶、香菜叶，制成虾盏。

3 蒸锅用大火烧开，放入虾盏，大火蒸约3分钟至熟透，取出。

4 用油起锅，注水烧热，加盐、水淀粉、黑芝麻油搅匀，制成味汁，浇在虾盏上即成。

包菜鸡蛋汤

包菜40克，蛋黄2个

盐1克

1 洗净的包菜切碎。

2 沸水锅中倒入包菜碎，汆煮30秒至断生，捞出。

3 蛋黄中倒入包菜碎，搅拌均匀成包菜蛋液。

4 另起锅注水烧开，倒入包菜蛋液搅匀，煮约1分钟至汤水烧开，加盐调味即可。

煮汤过程中要掠去汤面的浮沫，保证汤的良好口感。

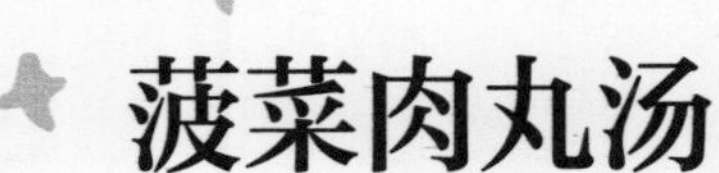

菠菜肉丸汤

原料

菠菜70克，肉末110克，姜末、葱花各少许

调料

盐1克，生抽2毫升，生粉12克，食用油适量

做法

1 洗净的菠菜切段；肉末装碗，倒入姜末、葱花，加少许盐、生粉，拌匀，至其起劲。

2 锅中注水烧开，将肉末挤成丸子，放入锅中，大火略煮，撇去浮沫。

3 加入食用油、盐、生抽。

4 倒入菠菜，拌匀，煮至断生，盛出即可。

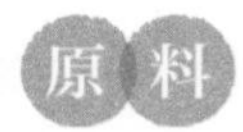

南瓜面

原料

面条30克，南瓜70克，洋葱20克，蛋黄1个，配方奶粉60克

做法

1 将洋葱放入沸水（600毫升）中，开大火煮2分钟后捞起，再切成小丁；洋葱水留用；配方奶粉中冲入温水，拌匀，即成配方奶。

2 南瓜去籽去皮，切小块。南瓜块放入洋葱水里，开大火煮5～7分钟后捞起，捣碎。

3 取锅，倒入600毫升的水，煮沸后放入面条，再次沸腾时加入100毫升冷水，煮1.5分钟，捞起面条，放至流动水下冲一下，沥干水后再盛到碗里。

4 取锅，放入蛋黄与配方奶，搅匀，加入南瓜碎和洋葱丁，大火煮沸，盛出倒入面条中即可。

经常食用南瓜面能有效增强机体的免疫功能，这个味道宝宝也喜欢。

Chapter 4

3~6岁的孩子补钙

这个阶段的孩子缺钙极易引起一些本可以避免的症状或疾病，比如发育迟缓、软骨病等等。

要补钙可以多吃鱼虾类、乳制品、豆制品，生活中还要多晒太阳，家长也要多带孩子去户外参加一些常规活动来锻炼孩子的身体，这样食补加上合理运动，才能有效吸收钙质，让钙质更加充分地发挥作用。

3~6岁的孩子缺钙引起的疾病及补钙必知

孩子缺钙容易引起的症状

1.“X”型腿、“O”型腿

当孩子钙摄入不足或肠道对钙的吸收减少时，容易导致孩子站立时难以承受身体重量而使下肢弯曲，从而出现“X”型腿、“O”型腿等。

2.惊厥（抽筋）

如果孩子血液中钙、磷含量明显偏低，便会得“低钙惊厥”。当血液中的钙水平下降时，肌肉兴奋性就会立即增高，会发生不由自主的收缩，即抽筋。

3.腹痛

当血液中的游离钙离子含量偏低时，神经肌肉兴奋性增高，肠壁的平滑肌受到轻微刺激就会发生强烈收缩，从而出现腹痛等消化道症状。

4.厌食偏食

许多厌食、偏食都是缺钙引起的。在人体消化液中有许多钙，如果钙元素摄入不足，就容易导致孩子出现食欲不振、智力低下、免疫功能下降等症状。

5.长不高，或者发育迟缓

这个年龄段的孩子是生长发育特别快的时期，如果自己孩子的身高相比多数同龄孩子的要低，那极有可能是由孩子钙源补充不足引起的。

家长应该注意，宝宝缺钙可能会出现这些症状，并不表示宝宝只要出现类似症状就是缺钙，应咨询医生，查明症状原因，千万不可盲目补钙。

你知道吗？3~6岁孩子每日需600毫克钙

最近的研究表明，3~6岁的孩子日均摄取钙量应在600毫克左右，6~11岁的孩子每天摄取的钙量应保持在600毫克左右，这对加速其骨骼的生长有直接的促进作用。此时，若补充的钙量不足，则会导致牙齿珐琅质的生成延迟和龋齿的生长加速。

帮助孩子长高的方法

3岁幼儿长高操

专家建议家长可以督促3岁的幼儿多做做伸展操，因为它可以拉伸脊柱和四肢，让孩子长得更快。此外，抬高腹部、伸展四肢模仿拱形彩虹（即下腰）也可以拉伸四肢。但此动作难度较大，要根据孩子的身体情况选用，不要强迫。

3～5岁的学龄前儿童可常做的筋骨拉伸运动

1 身体保持正直，然后上体前倾，双臂伸直用力向后上方挥动。

2 先小步跑，轻轻跳跃的同时甩动胳膊，每次跳 3 组，重复 3 组为宜。

3 踮起脚后跟，双臂伸直向上伸拉，然后向各方向伸拉，重复 6 ～ 8 次，中间稍事休息。

4 下垂时以脚尖能轻轻接触地面为佳，然后做引体向上动作。男孩每天可做 10 ～ 15 次，女孩每天可做 2 ～ 5 次。

5岁以上儿童伸展增高操

包括5个动作，花的时间少，增高效果明显。

☑ 1.直立，两腿并拢，双手臂自然下垂于身体两侧。

☑ 2.身体完全下蹲。

☑ 3.双手紧握拳，准备起跳。

☑ 4.双手臂向上方伸展的同时，带动身体自然向上轻巧跳起，双脚自然落地。

☑ 5.双脚落地后，两腿并拢，双手臂向上方尽可能伸展，使身体完全纵向伸直。

父母要了解的一些补钙小知识

不少父母在给孩子补钙时，多少会遭遇茫然、无措。下面总结了几个十分常见的补钙问题。

父母的困惑 1

我很注重孩子饮食中的营养均衡，孩子胃口很好，也喝牛奶和骨头汤等等，那么还需要专门补充钙片吗？

专家建议

如果他是一个4岁的孩子，每天应该需要800毫克的补充量，因为钙营养是总营养的一部分，评估钙营养的时候要比较客观，比如饮食当中的补充量，比如牛奶的量是不是可以达标。如果只依靠牛奶，4岁的孩子，除了膳食中已经有的钙量，大概还需要600毫升的牛奶，达到量的通常比较少，如果达不到这个标准的话，孩子还是需要补充一些钙制剂的。选择儿童配方的优质钙制剂，满足孩子每天的钙质需求，是一种简单有效的方式。

父母的困惑 2

我孩子长得比同龄小朋友都高，不需要补充钙制剂了吧？

专家建议

首先补钙不仅仅是身高的因素，钙对儿童的整个身体健康都是重要的因素。充足的钙质不仅是孩子骨骼健康的必需物质，而且对于其内脏、大脑等全身各器官的发育都起着非常重要的作用。另外，孩子长得比较快的时候，反而更需要补充钙，因为孩子长得快以后，骨骼需要的钙量就增加了，并不是长高了就不需要补，这个时候反而更需要补，因为怕孩子的营养跟不上。

父母的困惑 3

我的孩子7岁了，现在给孩子喝牛奶外加钙片补钙，但担心补钙是否会过量？

专家建议

这年龄阶段，钙的补充量的高限一般是每天2000毫克，孩子是达不到的，通常钙片的补充剂量也就在三四百毫克的范围。即使每天摄入充足的牛奶加正规的钙补充剂，也很难达到过量的程度。

父母的困惑 4

我始终担心给孩子的钙不能被吸收，是否钙质的吸收率比较高呢？

专家建议

钙的吸收与钙制剂的形态并无直接关联，而是与孩子的年龄等主观因素及日照、运动、饮食习惯等众多客观因素有着密切关系。维生素D能够促进钙结合蛋白的合成，因此，除了鼓励孩子多参加户外运动，还需要给孩子补充含有维生素D的儿童钙制剂，这样才能提高孩子对钙的吸收率。

父母的困惑 5

我的孩子今年5岁，是不是等到他青春期在发育长个子的时候才需要专门补充钙制剂？

专家建议

婴儿阶段的钙摄入量非常充足，幼儿期之后都是处在一个增长的高速期，这时候一定要合理地评估孩子的钙营养。生长发育的整个阶段都要注意，而不是等他发育了再注意，要从小关注，是不是达到了标准的量，没有达到应该怎样补充和调整。另外，评估钙片的钙量时，一定要看元素钙的含量，不要看它的化合物总量。

鳕鱼海苔粥

水发大米100克，海苔10克，鳕鱼50克

做法

1 洗净的鳕鱼切碎；海苔切碎。

2 取出榨汁机，将泡好的大米放入干磨杯中，磨约1分钟至大米粉碎，倒入盘中待用。

3 砂锅置火上，倒入米碎，注水，搅匀，倒入鳕鱼碎，搅匀，加盖，用大火煮开后转小火煮30分钟至食材熟软。

4 揭盖，放入切好的海苔，搅匀，盛出煮好的米糊，装碗即可。

可以根据宝宝喜好，少放一点盐调味。

补钙奥秘

鳕鱼是世界年捕捞量最大的鱼类之一，其富含钙、磷、铁、蛋白质等营养成分，在日常生活中常被作为补钙的食物来源。海苔味道好，也能补钙。

西蓝花虾皮蛋饼

西蓝花100克，鸡蛋2个，虾皮10克，面粉100克

食用油适量，盐少许

1 洗净的西蓝花切成小朵。

2 取一碗，倒入面粉，注水，加入盐，拌匀，打入鸡蛋拌匀，倒入虾皮、西蓝花，搅拌均匀。

3 用油起锅，放入面糊，铺平，煎约5分钟至两面金黄色，取出。

4 将蛋饼放在砧板上，切去边缘不平整的部分，再改切成小块，装入盘中即可。

面糊不要调得太稠了，否则做出来的饼不松软。

西蓝花是蔬菜中补钙效果靠前的食材，能够为宝宝骨骼构建提供原料；虾皮则是公认的最佳钙质来源之一，非常适合缺钙的宝宝食用。

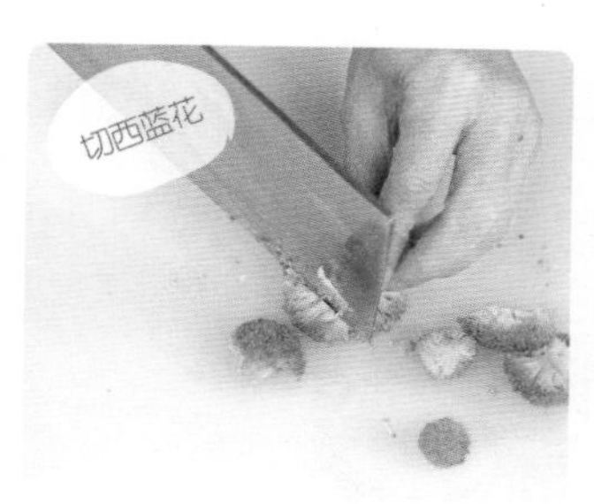

法式可丽饼

中筋面粉60克，牛奶100毫升，鸡蛋1个

食用油5毫升

做法

1 鸡蛋打入碗中，加入牛奶搅拌至起泡，再加入面粉，搅拌至看不见粉末时，用滤网过筛。

2 在平底锅内倒入食用油，用餐巾纸抹均匀，开小火，将一勺面糊慢慢倒入平底锅中，左右摇动让面糊均匀铺成一张圆饼。

3 小火煎1分钟后，从边缘翘起来的部分翻面，再加热20～30秒后，拿盘子盛出放凉即可。

松饼

原料

低筋面粉60克，鸡蛋1个，牛奶100毫升，无铅泡打粉1克

调料

食用油5毫升

做法

1 拿两个碗分别盛放蛋白和蛋黄，将牛奶倒进放蛋黄的碗里，混合均匀。

2 蛋黄碗里再倒入低筋面粉和无铅泡打粉，拌至无干粉，制成面粉糊。

3 蛋白用搅拌器搅拌1～2分钟，直至完全起泡，做成蛋白霜，倒入面粉糊里，用刮匙轻轻搅拌。

4 在平底锅中倒入油抹匀，倒入搅拌匀的食材，做成适合宝宝食用的圆形饼皮，用中火煎至两面金黄即可。

食用油不要放太多，以免引起小孩子拉肚子，影响孩子对钙质的吸收。

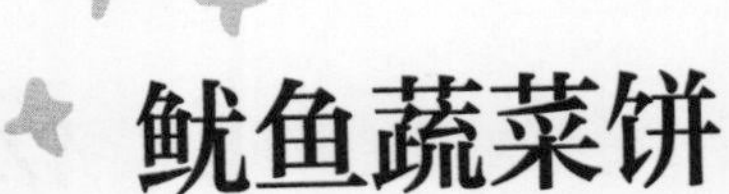

鱿鱼蔬菜饼

原料

去皮胡萝卜90克，鸡蛋液50克，鱿鱼80克，生粉30克，葱花少许

调料

盐1克，食用油适量

做法

1 洗净去皮的胡萝卜切碎，洗净的鱿鱼切丁。

2 取空碗，倒入生粉、胡萝卜碎、鱿鱼丁、鸡蛋液、葱花，倒入适量清水，加入盐，搅拌成面糊。

3 用油起锅，倒入面糊，煎约3分钟至底部微黄，翻面，续煎2分钟至两面焦黄。

4 关火后将煎好的鱿鱼蔬菜饼盛出，放凉后切小块，装盘即可。

南瓜花生蒸饼

米粉70克，配方奶粉100克，南瓜130克，葡萄干30克，核桃粉、花生粉各少许

做法

1 蒸锅上火烧开，放入南瓜，用中火蒸约15分钟至其熟软。

2 将配方奶粉倒入杯中，冲入适量温水，搅拌均匀，即成配方奶。

3 将放凉的南瓜压碎，碾成泥状；把洗好的葡萄干剁碎，备用。

4 将南瓜泥装碗，加入核桃粉、花生粉、葡萄干碎、米粉，拌匀，分次倒入配方奶，拌匀，制成南瓜糊。

5 取一蒸碗，倒入南瓜糊，放入上火烧开的蒸锅，加盖，蒸15分钟至熟，揭开锅盖，关火后取出蒸好的食材即可。

妈妈可以用一些模具将成品压制成可爱动物的形状，孩子更爱吃。

奶香杏仁豆腐

豆腐150克，琼脂60克，杏仁30克，杏仁粉40克，糖桂花20克，牛奶100毫升

白糖、盐适量

1 备好的豆腐切大块。

2 锅中倒入牛奶、琼脂、少许清水，加入杏仁、盐、白糖、杏仁粉，拌匀，煮沸，倒入豆腐块，略煮片刻至入味，盛出放入塑料盒中。

3 用塑料袋将塑料盒装好，放入冰箱冷藏2个小时，取出豆腐，去除塑料袋。

4 将豆腐放在砧板上切成小块，将豆腐装盘，淋上糖桂花即可。

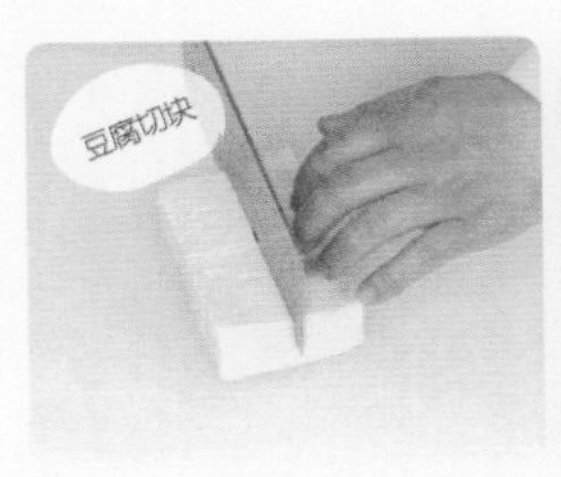

焗香蕉豆腐

香蕉85克，豆腐70克，儿童芝士25克

白糖少许

做法

1 香蕉剥去皮，切成丁；备好的豆腐切成小块，用刀面压成泥；芝士切小块。

2 取一个碗，倒入豆腐泥、香蕉丁、芝士块、白糖，待用。

3 备好微波炉，将食材放入，盖上箱门，按“2分钟”键。

4 再按“1分钟”键，总计定时3分钟，待时间到，取出即可。

豆腐和芝士的补钙效果不错，香蕉的添入能让口感、味道更好。

水果豆腐沙拉

原料

橙子40克，日本豆腐70克，猕猴桃30克，圣女果25克，酸奶30毫升

做法

1 将日本豆腐从中间切开，去除外包装，再切成棋子块，待用。

2 猕猴桃去皮洗好，切片；圣女果洗净，切片；橙子切片。

3 锅中注水烧开，放入切好的日本豆腐，煮半分钟至其熟透，捞出，装盘。

4 把切好的水果放在日本豆腐块上，再挤上酸奶即可。

制作沙拉时，可试着变换水果的种类，味道的不同与色泽的改变能增加孩子的新鲜感。

补钙奥秘

沙拉本身就是开胃的佳品。孩子常吃这款沙拉，能够充分吸收豆腐和酸奶中的钙质，以及水果中的多种维生素，维持一定程度上的膳食平衡。

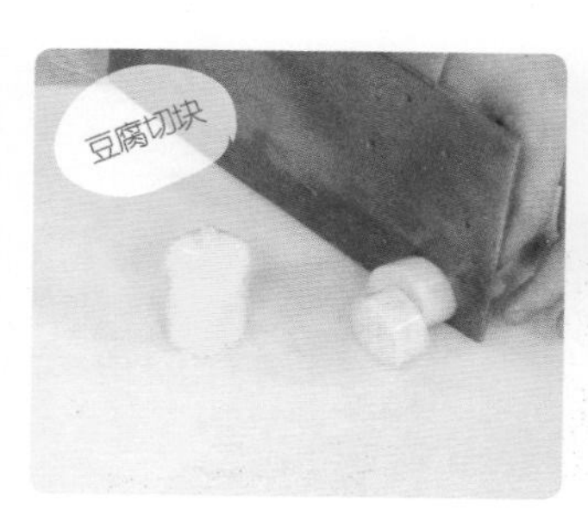

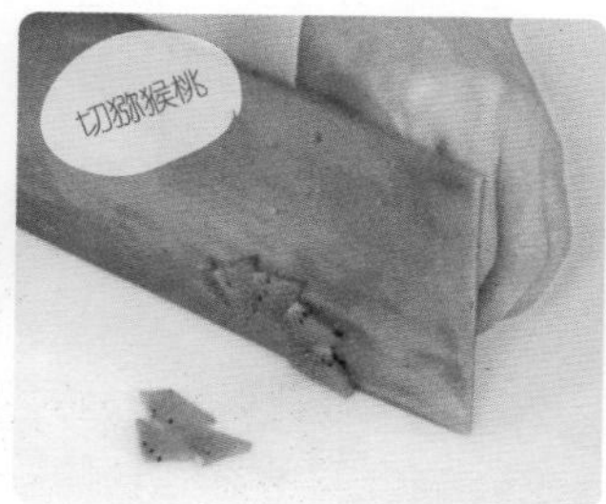

蒸白菜肉丝卷

大白菜叶350克，鸡蛋80克，水发香菇50克，胡萝卜60克，瘦肉200克

盐1克，料酒5毫升，食用油适量

1 洗好的瘦肉切成丝；洗净去皮的胡萝卜切成丝；泡发好的香菇去蒂切粗条；鸡蛋搅匀成蛋液。

2 锅中注水烧开，倒入大白菜叶，汆至断生，捞出；热锅注油烧热，倒入蛋液煎成蛋皮，盛出切丝。

3 另起油锅，放入瘦肉丝、香菇丝、胡萝卜丝、料酒、盐炒匀，盛出。

4 大白菜叶铺平，放入炒好的食材，放上蛋丝卷起，蒸熟即可。

白菜豆腐汤

原料

小白菜150克，豆腐300克，葱花少许

调料

盐1克，芝麻油、食用油各适量

做法

1 将洗净的小白菜切成两段，装入碗中；洗好的豆腐切成小方块，装盘备用。

2 锅中注入适量清水烧开，加少许食用油、盐。

3 倒入豆腐块，煮约2分钟，放入小白菜段，煮约1分钟至熟。

4 淋入少许芝麻油，拌匀，关火，将汤盛出，装入碗中，撒上葱花即成。

小白菜煮制时间不要过长，以免影响其脆嫩的口感和营养价值。

彩椒鸡丁

鸡胸肉100克，彩椒50克，葡萄干10克，综合坚果15克

葡萄籽油5毫升

做法

1 将鸡胸肉放入沸水中，开中火煮7～8分钟后捞起，放凉，再切成小丁。

2 综合坚果用厨房餐巾纸包起来，压碎；葡萄干用热水烫1分钟，用滤网捞起后切碎。

3 彩椒去籽，切成小块。

4 平底锅里均匀抹上葡萄籽油，放入彩椒块，开中火，拌炒30秒，再把剩余材料放到锅中拌炒30秒即可出锅。

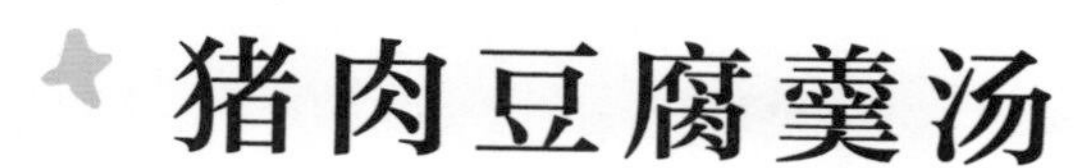

猪肉豆腐羹汤

原料

猪肉泥5克，胡萝卜20克，豆腐25克，骨头汤适量，水淀粉少许

做法

1 胡萝卜洗净，去皮后切碎。

2 豆腐切成1厘米大小的豆腐丁，备用。

3 将胡萝卜碎放入锅中，再倒入适量骨头汤，用中火煮软。

4 将猪肉泥也放入锅中，一边搅碎一边烹煮，再加入豆腐丁煮一下，最后用水淀粉勾芡即可。

骨头汤可以提前用猪大骨加海带熬制好，这样成品的补钙效果更显著。

鸡肉拌南瓜

鸡胸肉100克，南瓜200克，牛奶适量

盐少许

1 将洗净的南瓜切成丁；鸡胸肉装入碗中，放入少许盐，再加少许清水，拌匀。

2 蒸锅内注水烧开，分别放入装好盘的南瓜丁、鸡胸肉，用中火蒸15分钟至熟，取出。

3 用刀把鸡胸肉拍散，用手撕成丝，待用。

4 将鸡胸肉丝倒入碗中，放入南瓜丁，加入牛奶，拌匀，盛出装碗，再淋上牛奶即可。

蔬菜蒸蛋

鸡蛋2个，玉米粒45克，豌豆25克，胡萝卜30克，香菇15克

盐1克，食用油少许

做法

1 将香菇、胡萝卜均洗净切丁。将玉米粒、豌豆、胡萝卜丁、香菇丁一起焯水至断生。

2 鸡蛋打入碗中，加入盐、清水调匀，放入蒸锅以中火蒸约3分钟。

3 将焯过水的材料装碗，加盐、食用油拌匀。

4 放在蒸过的蛋上，摊开铺匀，继续蒸至所有食材熟透即可。

有些蔬菜有独特的味道，孩子可能会抵触，色彩搭配或改善口感是增强宝宝食欲的不错选择。

西红柿紫菜蛋花汤

西红柿100克，鸡蛋1个，水发紫菜50克，葱花少许

盐1克，胡椒粉、食用油各适量

1 洗好的西红柿对半切开，再切成小块；鸡蛋打入碗中，用筷子打散、搅匀。

2 用油起锅，倒入西红柿块，翻炒片刻，加水煮沸，盖上盖，用中火煮1分钟。

3 揭开盖，放入洗净的水发紫菜，拌匀，加入适量盐、胡椒粉，搅匀调味。

4 倒入蛋液，继续搅动至浮起蛋花，盛出煮好的蛋汤，装入碗中，撒上葱花即可。

煮蛋花宜用小火，这样煮出来的蛋花才美观。

很多妈妈会选择通过补钙产品来补钙，但是这不是唯一的补钙方式。合理安排膳食，在食物中添加紫菜，不仅能补钙，还能补充碘，能预防甲状腺肿大。

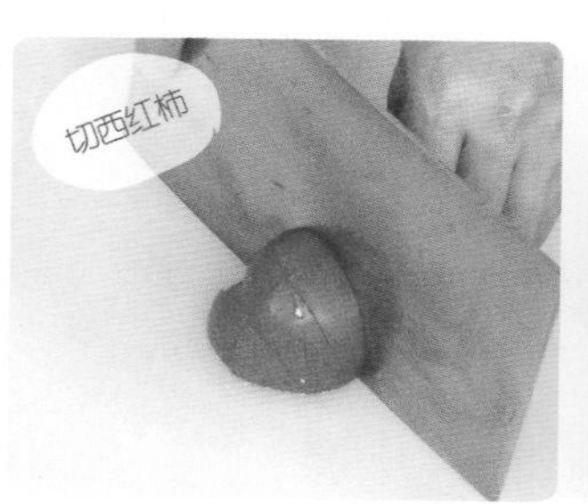

鸡肉布丁饭

鸡胸肉40克，胡萝卜30克，鸡蛋1个，芹菜20克，牛奶100毫升，米饭适量

1 将鸡蛋打入碗中，打散，调匀；胡萝卜、芹菜、鸡胸肉均洗净，切成丁。

2 将米饭倒入碗中，放入备好的牛奶、蛋液、鸡胸肉丁、胡萝卜丁、芹菜丁，搅拌匀，装入蒸碗中。

3 将加工好的米饭放入烧开的蒸锅中，盖上盖，用中火蒸10分钟至熟，取出再倒入备好的碗中即可。

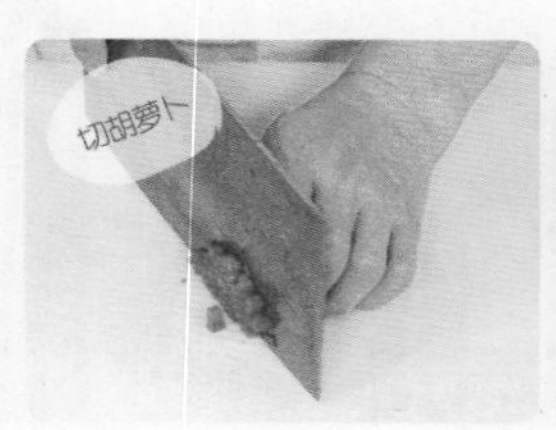

煎鱼块

鲈鱼45克，小麦粉适量，鸡蛋1个，牛奶20毫升，卷心菜30克，圣女果1颗

食用油适量，盐少许

1 鲈鱼肉切斜块，撒上少许盐，裹上小麦粉后放到盘中并用微波炉加热1分钟；鸡蛋、牛奶调成酱料，备用。

2 平底锅中倒入食用油，将鲈鱼肉蘸调好的酱料，嫩煎一下后切成适合孩子吃的小块。

3 卷心菜切成丝，用水焯一下，放在盘上，再放上煎好的鱼肉、切好的圣女果。

尽量选一些鱼刺较少、容易剔刺的鱼给宝宝吃，如果宝宝还比较小，可以吃剁烂的鱼肉泥。

芝士蔬菜煨虾

原料

芝士25克，平菇50克，胡萝卜65克，青豆45克，虾仁60克

盐1克，水淀粉、食用油各适量

做法

1 平菇洗净，切粒；胡萝卜洗好，切粒。

2 锅中注水烧开，分别倒入青豆和虾仁，焯煮至熟软，把煮好的青豆和虾仁捞出。

3 将虾仁剁碎；把煮好的青豆剁碎。

4 用油起锅，倒入胡萝卜粒、平菇粒炒香，放入虾仁碎、青豆碎炒匀，注入适量清水，再放入芝士、盐、水淀粉炒匀即可。

吐司披萨

原料

白面包4片，番茄沙司15克，蛋黄酱30克，芝士100克，金枪鱼罐头40克，玉米罐头适量

做法

1 将白面包片切成小块，待用。

2 将番茄沙司与蛋黄酱混合，涂到白面包块上，再放上芝士。

3 面包片上摆好金枪鱼、玉米，再放入烤箱，以上火180℃、下火160℃烤6分钟后，取出即可。

如果孩子不喜欢金枪鱼，可以换成沙丁鱼试一试，再搭配芝士，补钙效果一样很理想。

原味虾泥

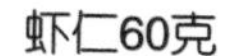
虾仁60克

盐少许

1 用牙签挑去虾仁的虾线，把虾仁拍烂，剁成虾泥。

2 将虾泥装入玻璃碗中，放入少许盐，加入少许清水，拌匀。

3 将虾泥转入另一个碗中，再放入已烧开的蒸锅内。

4 盖上盖，用大火蒸5分钟，揭盖，把蒸熟的虾泥取出，再装入另一个碗中即可。

拌制虾泥时，可以加入少许柠檬汁，使虾肉更鲜嫩，成品味道会更好。

虾仁中的含钙量虽然不及虾皮那么丰富，但也是不容小觑的。若是妈妈觉得食材比较单一，可以加入一些蛋液，口感更好，营养更全面。

虾仁土豆泥

虾仁80克，熟土豆200克，鸡蛋液45克，面包糠、面粉各适量

盐1克，生粉6克，食用油适量

1 将熟土豆切块，用刀拍烂，压成泥状。

2 将洗好的虾仁挑去虾线，加少许盐、生粉、食用油拌匀。

3 把土豆泥装入碗中，放入盐、食用油拌匀。取拌好的土豆泥，把虾仁裹入土豆泥中，将虾尾露在外边，再依次裹上一层面粉、鸡蛋液、面包糠。

4 热锅注油烧热，放入裹好的虾仁，炸约3分钟至熟，捞出，装盘即成。

虾仁牛奶饭

米50克，牛奶200毫升，虾仁30克

盐1克

1 将米淘洗干净，用适量的水浸泡30分钟，再放入牛奶与盐，按日常方法煮饭。

2 虾仁用水汆一下，再切成1厘米长的小粒。

3 将虾仁、米饭盛入碗中，倒扣在盘子里即可。

大一点的小孩，比如6岁以上的，更喜欢全虾的口感。

黄瓜银鱼面

黄瓜130克，鸡蛋1个，面条100克，水发银鱼干20克

盐1克，食用油4毫升

做法

1 将鸡蛋打入碗中，搅散成蛋液。

2 黄瓜洗净，切丁。

3 面条折小段。

4 锅中注水烧开，放入食用油、盐，再倒入水发银鱼干。

5 煮沸后倒入面条，再煮约4分钟。

6 锅中倒入黄瓜丁拌匀，煮片刻至面汤沸腾。

7 倒入蛋液，续煮片刻至液面浮现蛋花，将煮好的面条及其他食材盛入碗中即成。

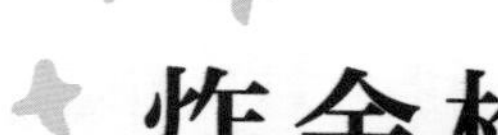

炸金枪鱼丸

土豆180克，洋葱30克，金枪鱼罐头1盒，鸡蛋1个，面包粉50克

食用油适量，盐少许

1 土豆带皮放入微波炉中加热2分钟，然后去皮，趁热压成泥；洋葱洗净，切末；鸡蛋打入碗中，搅散。

2 将洋葱末、金枪鱼罐头、鸡蛋液、面包粉和少许盐放入捣烂的土豆泥中拌匀。

3 食材搅拌均匀后做成小丸子。

4 将做好的丸子放入180℃热油中炸熟即可。

如果担心金枪鱼罐头中的添加剂，可以将其换成虾米，补钙效果更好，口味更佳。

黑芝麻豆奶面

原料

面条120克，豆奶150毫升，水发芸豆70克，黑芝麻30克

做法

1 锅中注水大火烧开，倒入泡发好的芸豆，盖盖，大火煮开后转小火煮10分钟，揭盖，将芸豆捞出，沥干水分，放凉。

2 另起锅注水烧开，倒入面条，搅拌片刻，煮至熟，捞出，沥干水分，装碗待用。

3 备好榨汁机，倒入放凉的芸豆、黑芝麻，再倒入备好的豆奶，盖上盖，启动机子开始榨汁，将食材打碎。

4 揭开盖，将榨好的豆汁倒入碗中，最后倒入面条内，拌匀即可。

海苔饭团

米饭80克，吻仔鱼10克，海苔适量

1 将吻仔鱼浸泡在半杯热水中约5分钟，捞出，沥干，切碎。

2 将切碎的吻仔鱼加入米饭内，搅拌均匀。

3 将搅拌好的米饭握成三角形饭团。

4 将海苔剪成片，包在饭团表面即可。

食用这款饭团时，搭配适量水果、蔬菜，能减少鱼的腥味，孩子会更喜欢。

Chapter 5

6～12岁的儿童补钙

6岁以上、12岁以下的孩子，正处于一生之中身体发育、长高的绝佳时期。家长应该及时给孩子补充增高助长、脑部发育等必需的营养成分，尤其需要注意钙质的补充情况。这个阶段的孩子，基本上可以食用成年人能够食用的所有食物。家长日常烹饪时要注意食材的钙含量，此外，还要注重膳食营养的平衡，各种营养成分都及时补充，营养全面才能助力孩子健康成长。

6岁以上的儿童缺钙的表现及补钙必知

11岁以上的儿童缺钙的5大表现

1 会感到明显的生长疼，腿软，活动时易抽筋。

2 偏食，厌食。

3 乏力，烦躁，注意力不集中，容易疲倦。

4 蛀牙严重，并且牙齿发育不良。

5 体质相对较差，易过敏，易感冒。

你知道吗？ 6岁以上的孩子每日需800毫克钙

6岁以上、12岁以下的孩子钙需要摄入得多一些，每天大约需800毫克。因为孩子长大以后，对钙的需求量更多一些，可以通过奶制品、户外的活动获取钙。如果晒太阳不适应或者晒太阳不够，可以通过各种营养食物补充维生素D来帮助钙的吸收。

12类食物帮助孩子健康补钙

巧克力或草莓牛奶

如果孩子不愿意喝纯牛奶，可以给他喝添加了巧克力或草莓的牛奶，味道不同，但钙的含量是相同的。

芝士

所有种类的芝士都富含钙质，可以选择那些含2%脂肪或低脂肪的种类以减少全脂肪和饱和脂肪的摄入。

椰菜和深绿色有叶蔬菜

试一下不同的绿叶菜，如菠菜、羽衣甘蓝叶、芜箐甘蓝以及芥菜，再添加牛油来调味。

豆类食品

所有的豆类食品都应该多吃，如花豆、芸豆以及鹰嘴豆。它们大多数都含有数量可观的钙质。

芝麻酱

芝麻酱的含钙量超过牛奶许多，可以在给孩子做拌面时，顺便加入芝麻酱，好吃又补钙。

虾皮

虾皮的含钙量很丰富，100克虾皮中的含钙量为991毫克，对提高孩子食欲和增强体质都很有好处。

酸奶

有很多味道和种类可供选择，有盛在杯子里的酸奶，也有包装在软管里可以吸吮的酸奶。

松软干酪

这类干酪可以单独吃也可以混在孩子最喜欢的水果中一起吃。

豆奶

豆奶比如黄豆奶、黑豆奶等都有补钙作用，家长还可以用家用豆浆机将豆类和其他含钙杂粮打成豆奶。

含钙橙汁

每226克橙汁所含的钙（300毫克）相当于一杯牛奶中钙的含量。

汤

用牛奶而不是清水来勾兑骨头汤、肉汤或西红柿汤，其补钙效果“看得见”。

牛奶麦片

当家长用牛奶煮麦片的时候，它们会比清水煮的更加浓稠好味，而且补钙作用更强。

科学补钙让孩子抢占优势

世界卫生组织曾经做过一份调查，在参与调研的7岁儿童中，选择合理膳食配合专业钙制剂进行补钙的孩子比单纯食补的孩子高出约3厘米。而且，这两种补钙方式对儿童身高的影响会随着年龄的增长而逐步加大，参与调研的10岁儿童之间的身高差距更为显著。根据此次调研中采用的回归模型分析，在年龄、性别以及父母身高基本等同的条件下，钙质在某一阶段对儿童身高的影响甚至大于父母遗传。

专家表示："大部分的钙在骨骼和牙齿中，所以缺少钙会影响孩子的成长，导致骨质疏松、骨折等，因此科学合理的钙质补充对儿童身高至关重要。10岁以上到成年是生长发育的重要阶段，在这一阶段，外界补充的钙质越充足越及时，孩子骨骼的营养基础就越牢固。除此之外，补充钙质还有益于孩子内脏及大脑的发育。"

为儿童补钙，首先要保证钙量。多吃主食，多吃蔬菜，多吃水果，多吃奶制品（豆制品）；少油脂，少肉类，少油炸食品。

当膳食无法提供足够量的钙质的时候，还是需要通过钙的补充剂来达到儿童所需的钙量水平。选择儿童钙剂时，家长可从钙含量、维生素D及微量元素这三方面进行综合考量。首先，钙含量高，才能真正帮助孩子补足每天的钙质需求。其次，维生素D能够维持血钙水平稳定，是磷钙代谢最重要的调节物质，能够促进钙在骨骼和牙齿中的沉积，有利于儿童正常生长发育。

此外，除了食补和搭配儿童钙剂，家长还应该多引导孩子参加一些户外运动，一来可以锻炼身体，二来可以通过晒晒太阳来促进儿童机体对钙的吸收，一举两得。

生滚鱼片粥

生菜50克，鱼片50克，水发大米100克，葱花、姜片各适量

盐2克，食用油适量

1 择洗好的生菜切成小段；鱼片装碗，放入盐、姜片、食用油拌匀，腌渍半小时。

2 备好电饭锅，倒入水发大米，再注水，煲煮约2小时，待大米煮成粥。

3 依次加入生菜段、鱼片，搅拌均匀，再焖5分钟，加入葱花，搅拌片刻。

4 将煮好的粥盛出装入碗中即可。

鱼片要尽量切得薄厚一致，方便煲熟。可以选择深海鱼，鱼刺少，补钙效果佳。

猪肝瘦肉泥

猪肝45克，猪瘦肉60克，芝麻酱40克

盐少许

1 洗好的猪瘦肉切薄片，剁成肉末；处理干净的猪肝切成薄片，剁碎。

2 取一个干净的蒸碗，注入少许清水，倒入猪肝碎、瘦肉末、芝麻酱，再加入少许盐，搅拌均匀，待用。

3 将蒸碗放入烧开的蒸锅中，盖上锅盖，用中火蒸约15分钟至其熟透。

4 揭开锅盖，取出蒸碗，搅拌几下，使肉粒松散，转入另一个碗中即可。

可以在拌好的肉泥中加点水淀粉，肉质会更嫩。

猪肝、猪瘦肉中均含有微量的钙元素，而芝麻酱中则含有比蔬菜、豆类、奶类高得多的钙。孩子经常食用添加了芝麻酱的食物，有助于长高。

猪骨高汤

原料

猪骨段350克，
白萝卜160克，
洋葱片、葱条、
生姜各少许

调料

料酒8毫升

做法

1 将去皮洗净的白萝卜切滚刀块；去皮洗净的生姜用刀背拍裂，切成小块；洗好的葱条切长段。

2 锅中注水烧开，倒入洗净的猪骨段，淋入料酒，撇去浮沫，捞出。

3 砂锅中注水烧开，倒入猪骨段、白萝卜块、洋葱片、葱段、姜块，淋入少许料酒，盖上盖，烧开后用小火煮约2小时。

4 关火后揭盖，盛出煮好的猪骨高汤即成。

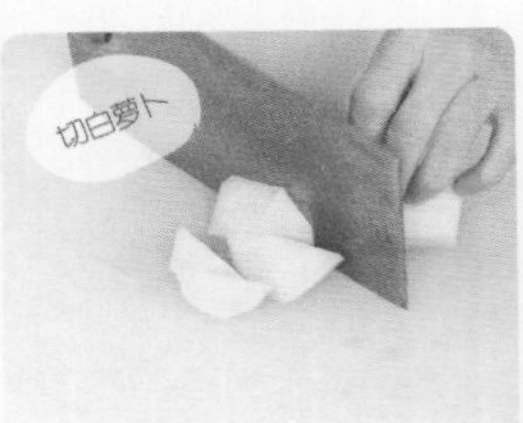

黑豆炖猪蹄

猪蹄300克，黑豆100克，大蒜10克

盐2克

做法

1 将备好的猪蹄清洗干净，将大蒜去除外衣。

2 锅中注水烧开，放入猪蹄，大火煮约十分钟，倒去污水，再倒入清水大火烧开。

3 将黑豆和大蒜一起放入锅中，大火烧开后改中小火煲煮约两小时至全部食材熟软。

4 加适量盐调味，续煮一小会儿至入味，盛出即可。

黑豆和猪蹄中都富含钙，汤中如果滴入少许白醋，补钙效果更好。

海鲜面片

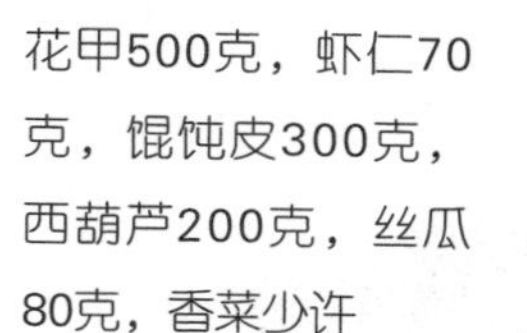

花甲500克，虾仁70克，馄饨皮300克，西葫芦200克，丝瓜80克，香菜少许

盐、胡椒粉各2克

1 洗好的西葫芦切条；洗净去皮的丝瓜切条；洗好的虾仁由背部划开，挑去虾线。

2 锅中注水烧开，放入洗好的花甲，略煮一会儿，去除污物，捞出，待放凉后取出花甲肉，装入盘中。

3 另起锅，注水烧热，放入花甲肉、虾仁、西葫芦条、丝瓜条，加入盐、胡椒粉，搅拌均匀。

4 放入馄饨皮，拌匀，煮约5分钟至食材熟软，盛出装碗，点缀上香菜即可。

可将所有的花甲放在一个篓子里，不停地搅动，这样汆煮时花甲更易开口。

补钙奥秘

花甲具有高钙、高铁、高蛋白、低脂肪的营养特点，正是快速生长期需要大量钙质等营养成分的孩子的优质食材。

娃娃菜煲

原料

豆腐140克，娃娃菜120克，水发粉丝80克，高汤200毫升，姜末、蒜末各少许

盐1克，食用油适量

1 洗净的豆腐切小块；洗好的娃娃菜切小块；洗好的水发粉丝切段。

2 锅中注水烧开，加入盐、娃娃菜块，煮至断生，捞出；倒入豆腐块，煮一会儿，捞出。

3 用油起锅，爆香姜末、蒜末，放入娃娃菜块，炒香。

4 注入高汤，加入豆腐块、盐，拌煮一小会儿，放入粉丝段，拌匀，盛入砂锅中，炖熟即成。

花生煮黑豆

黑豆50克，花生米45克，白芝麻适量

生抽1毫升，白糖2克，芝麻油3毫升

做法

1 黑豆洗净后，用凉水泡1个小时即可捞出沥干水分；花生洗净后，用凉水泡10分钟即可捞出沥干水分。

2 锅中倒入适量清水，放入沥干水分的黑豆、花生米，大火煮开后改小火煮半小时。

3 生抽中加入白糖做成调料汁。

4 锅中放入调料汁，继续煮15~20分钟，汤汁快收干时加入白芝麻，拌匀后淋入芝麻油即可。

黑豆要煮得十分熟烂，这样能够全面释放营养成分，也利于孩子消化。

风味茄汁黄豆

黄豆100克，西红柿2个，番茄酱45克

盐适量

1 黄豆洗净后用清水泡发。

2 将西红柿洗净后放入沸水中，烫30秒，捞出过一遍凉水，然后剥去表皮。

3 将去好皮的西红柿切小块，放入料理机，通电，将西红柿打成泥，倒入碗中，备用。

4 将泡发好的黄豆放入炒锅中，加入打好的西红柿泥，挤入番茄酱，加入盐，充分搅拌均匀，至汤汁收干，盛出即可。

苹果蔬菜沙拉

苹果100克，西红柿150克，黄瓜90克，生菜叶50克，牛奶30毫升

沙拉酱10克

做法

1 洗净的西红柿切成片；洗好的黄瓜切成片；洗净的苹果切开去核，再切片。

2 将切好的食材装入碗中，倒入牛奶、沙拉酱，拌匀。

3 继续搅拌片刻，使食材入味。

4 把洗好的生菜叶垫在盘底，装入做好的果蔬沙拉即可。

牛奶不要加太多，否则会影响沙拉的口感。

四喜蒸苹果

山楂糕25克，桂圆肉10克，苹果丁150克，糯米饭200克

芝麻酱10克，白糖3克

做法

1 洗好的桂圆肉切碎；山楂糕切条，再切丁。

2 取一个蒸碗，倒入山楂糕条、桂圆肉碎、苹果丁、芝麻酱、白糖、糯米饭，拌匀，备用。

3 蒸锅中注入适量清水烧开，放入蒸碗，盖上盖，用大火蒸30分钟至食材熟透。

4 揭盖，取出蒸碗，再转入另一个碗中，待稍微放凉后即可食用。

椰香西蓝花

西蓝花200克，草菇100克，香肠120克，牛奶、椰浆各50毫升，胡萝卜片少许

盐2克，食用油适量

1 将洗净的西蓝花切成小朵；洗好的草菇对半切开；洗净的香肠切成片。

2 锅中注水烧开，放入食用油、盐、草菇，煮至断生，捞出沥干。

3 用油起锅，大火爆香胡萝卜片、香肠，倒水，收拢食材，放入焯煮过的食材，翻炒几下，倒入牛奶、椰浆。

4 用中火续煮片刻，待汤汁沸腾后加入盐，翻炒均匀，盛出即可。

炒香肠的时间不宜太长，以免其外皮变硬，影响菜肴的口感。

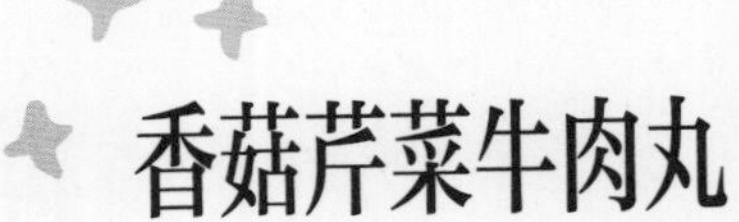

香菇芹菜牛肉丸

原料

香菇30克，牛肉末200克，芹菜、蛋黄各20克，姜末、葱末各少许

调料

盐2克，生抽、水淀粉各4毫升

做法

1 洗净的香菇切成条，再切成丁；洗好的芹菜切成碎末。

2 取一个碗，放入牛肉末、芹菜末，再倒入香菇丁、姜末、葱末、蛋黄。

3 加入少许盐、生抽、水淀粉，搅匀，制成馅料，用手将馅料捏成丸子，放入盘中，备用。

4 蒸锅上火烧开，放入牛肉丸，用大火蒸30分钟至熟即可。

三鲜鸡腐

鸡胸肉150克，豆腐80克，鸡蛋1个，姜末、葱花各少许

盐2克，水淀粉、食用油各适量

做法

1 鸡蛋敲开，取蛋清装入碗中；洗好的豆腐压烂；洗净的鸡胸肉切条，改切成丁。

2 取榨汁机，倒入豆腐、鸡肉丁、蛋清，搅成鸡肉豆腐泥，装碗。

3 碗中加入姜末、葱花，拌匀。取数个小汤匙，每个汤匙都蘸上食用油，放入鸡肉豆腐泥。

4 放入烧开的蒸锅中，用中火蒸5分钟至熟，取出。用油起锅，加水、盐、水淀粉，制成芡汁，浇在鸡肉豆腐泥上即可。

制作此菜肴前可先将豆腐放入水中焯煮片刻，去除酸味。

炒蛋白

鸡蛋2个，火腿30克，虾米25克

盐少许，水淀粉4毫升，料酒2毫升，食用油适量

1 将火腿切片，再切成丝，改切成粒；洗净的虾米剁碎。

2 鸡蛋敲开，取蛋清，放入少许盐、水淀粉，打散，调匀。

3 用油起锅，倒入打散调匀的蛋清，翻炒至熟，盛出装碗。

4 另用油起锅，倒入虾米，炒出香味。

5 下入火腿，炒匀，淋入适量料酒，炒香，盛出，盛入装有蛋清的碗中即可。

虾米和火腿本身都有盐分，所以炒制时可少放盐。

口感有点像棉花糖，软软松松，孩子很喜欢。经常食用这道菜，孩子能够获取虾米中丰富的钙质，以及鸡蛋中的卵磷脂、钙、铁等营养成分。

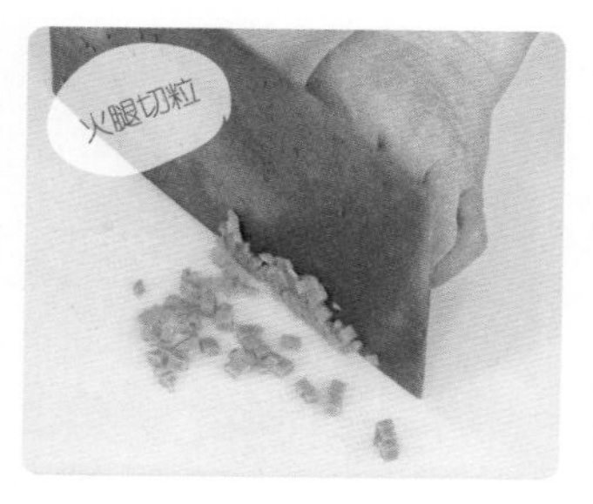

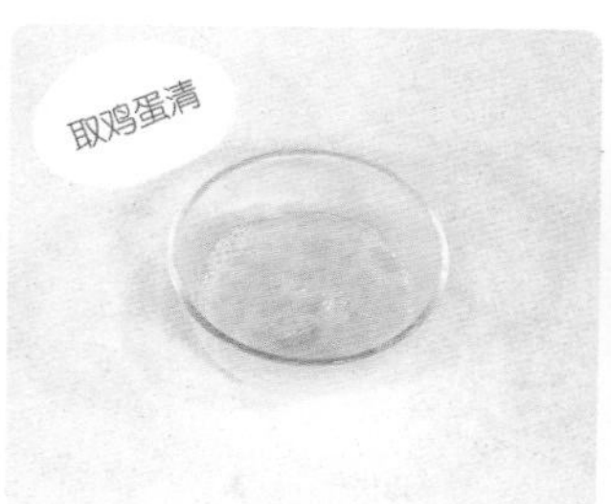

西红柿面片汤

原料

西红柿90克，馄饨皮100克，鸡蛋1个，姜片、葱段各少许

调料

盐2克，食用油适量

做法

1 将备好的馄饨皮沿对角线切开，制成生面片；洗好的西红柿切小瓣；把鸡蛋打入碗中，搅散，调成蛋液。

2 用油起锅，放姜片、葱段爆香，盛出姜、葱，倒入西红柿，炒匀，注入适量清水。

3 用大火煮约2分钟，至汤水沸腾，倒入生面片，搅散、拌匀，转中火煮约4分钟至食材熟透。

4 再倒入蛋液，拌匀，加入少许盐，拌匀调味即可。

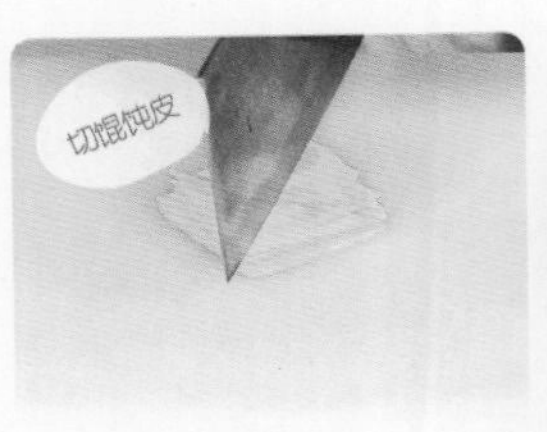

木耳炒鸭蛋

水发黑木耳80克，鸭蛋3个

盐2克，食用油适量

做法

1 将水发黑木耳清洗干净，撕成小块；鸭蛋磕入碗中，搅散，加入少许盐，调匀。

2 锅中加入少许油烧热，倒入鸭蛋液，炒至成形，盛出待用。

3 另用油起锅，倒入黑木耳块，翻炒一会儿至熟软。

4 倒入炒好的鸭蛋，翻炒均匀，加入盐，炒至食材入味，盛出装盘即可。

黑木耳和鸭蛋都有补钙作用，一起炒制，别有风味。

鱼头豆腐汤

原料

鱼头200克，豆腐220克，葱段、香菜各少许，高汤适量

调料

盐2克，胡椒粉、食用油各适量

做法

1 将鱼头清洗干净，剁成块。

2 锅中注水烧开，倒入豆腐，煮5分钟，捞出。

3 另注油起锅，放入鱼头块煎至鱼头两面呈现金黄色，往锅内倒入高汤，大火煮至沸，盖上盖，调至小火煮25分钟。

4 揭盖，倒入豆腐，继续煮约10分钟，放入盐、胡椒粉，拌匀，煮至入味，盛出，撒上葱段和香菜即可。

虾皮豆腐脑

水发黄豆120克，葡萄糖内脂5克，虾皮30克，葱花少许

做法

1 备好豆浆机，倒入水发黄豆，注水至最低水位线，选定“快速豆浆”，开始打浆。

2 将打好的豆浆滤入热锅中，倒入葡萄糖内脂，拌匀至煮开。

3 将煮好的豆浆盛入碗中，让其冷却，即成豆腐脑。

4 锅中加少许清水烧开，放入虾皮煮至熟软，捞出沥干水分，放在豆腐脑上，撒上葱花即可。

这道菜还可加入海苔片或即食紫菜，口感更好，补钙效果更佳。

虾仁馄饨

馄饨皮70克，虾皮15克，紫菜5克，虾仁60克，猪肉45克

盐2克，胡椒粉3克，生粉4克，芝麻油、食用油各适量

馄饨皮煮至透明，就可以关火了，时间太久，不仅口感下降，而且虾皮的营养成分也会流失。

做法

1 洗净的虾仁拍碎，剁成虾泥；洗好的猪肉切片，剁成肉末。

2 把虾泥、肉末装碗，加入盐、胡椒粉、生粉、芝麻油，拌匀，腌渍约10分钟，制成馅料。

3 馄饨皮中放入馅料，沿对角线折起，卷成条形，再对折收紧，制成馄饨生坯。

4 锅中注水烧开，撒上紫菜、虾皮，加盐、食用油，拌匀，略煮，放入馄饨生坯，拌匀，用大火煮约3分钟，至其熟透即可。

补钙奥秘

虾皮补钙是很流行的说法，所谓含钙量高主要是因为钙的百分比含量高，但由于虾皮本身的质量很小，若是单纯靠虾皮补钙，则应该适度增加虾皮的量。

蛤蜊蒸蛋

鸭蛋2个，蛤蜊肉90克，葱花少许

盐1克，料酒2毫升，生抽7毫升，芝麻油2毫升

1 将汆过水的蛤蜊装碗，加少许料酒、生抽、芝麻油，搅拌匀。

2 鸭蛋打入碗中，加入少许盐，打散、调匀，倒入少许清水，继续搅拌片刻。

3 把蛋液倒入碗中，放入烧开的蒸锅中，盖上盖，用小火蒸10分钟。

4 揭开盖，在蒸熟的鸭蛋上放上蛤蜊，再盖上盖，用小火再蒸2分钟，揭开盖，把蒸好的蛤蜊鸭蛋取出，淋入少许生抽，撒上葱花即可。

虾泥蛋羹

原料

鸡蛋1个，虾50克

调料

盐适量

做法

1 将鸡蛋打散；虾开背去除虾线，去虾头、壳、尾巴，清洗干净，将虾肉切碎。

2 将蛋液装入蒸碗中，倒入适量清水，加入少许盐，混合均匀。

3 蒸锅上火烧开，放入蒸碗，盖上盖，中火蒸约8分钟。

4 揭盖，放上虾肉碎，盖盖，继续蒸约3分钟。

5 揭盖，取出蒸好的蛋羹即可。

可以将虾肉打成泥，再混入蛋液里，又是一番新口感。

鲜虾花蛤蒸蛋

原料

花蛤肉65克，虾仁40克，鸡蛋2个，葱花少许

盐1克，料酒4毫升

做法

1 洗净的虾仁由背部切开，去除虾线，切小段。

2 把虾仁段装入碗中，放入洗净的花蛤肉，淋入少许料酒，加少许盐，拌匀，腌渍约10分钟。

3 鸡蛋打入蒸碗中，加盐、少许温开水，拌匀，放入虾仁、花蛤肉，拌匀，备用。

4 蒸锅上火烧开，放入蒸碗，盖上盖，用中火蒸约10分钟，至食材熟透。

5 揭盖，取出蒸碗，最后撒上葱花即可。

虾仁青豆饭

米饭120克，虾仁40克，青豆30克，胡萝卜30克

盐少许，食用油适量

做法

1 将洗好的虾仁挑出虾线，切成丁；胡萝卜切成丁。

2 把切好的虾仁放入碗中，加入适量盐，拌匀，腌渍10分钟。

3 锅中注水烧开，加入少许盐，倒入青豆、胡萝卜丁，拌匀，煮1分钟至断生后捞出；另起锅注水烧开，倒入虾仁丁煮至变色，捞出。

4 锅中倒油烧热，放入虾仁炒香，加入煮好的青豆、胡萝卜炒匀，倒入米饭，炒散，加入少许盐，翻炒至入味即可。

炒米饭时淋入少许芝麻油，不仅可增香，还能使米粒通透、饱满。

鸡肝面条

鸡肝50克，面条60克，小白菜50克，蛋液少许

盐2克，食用油适量

做法

1 将洗净的小白菜切碎；把面条折成段。

2 锅中注水烧开，放入洗净的鸡肝，煮5分钟至熟，捞出，凉凉，再切片，剁碎。

3 锅中注水烧开，放入少许食用油、盐，倒入面条段，搅匀，盖上盖，用小火煮5分钟至面条熟软。

4 揭盖，放入小白菜碎，再下入鸡肝碎，搅拌匀，煮至沸腾，倒入蛋液，搅匀，煮沸即可。

煮鸡肝的时间应适当长一些，放入沸水中至少煮5分钟，以鸡肝完全变为灰褐色为宜。

补钙奥秘

很多人不知道，小白菜是含钙量比较高的蔬菜之一；蛋液中也是含有一定的钙质的。给孩子食用这道面条，对于正在长身体的孩子很有益处。

蛤蜊鲫鱼汤

原料

蛤蜊130克，鲫鱼400克，水发黄豆30克，水发花生米30克

调料

盐2克，料酒8毫升，胡椒粉少许，食用油适量

做法

1 将宰杀处理干净的鲫鱼两面均切上一字花刀，用刀将洗净的蛤蜊打开。

2 用油起锅，放入鲫鱼，煎出焦香味，翻面，煎至焦黄色。

3 淋入料酒，加入适量开水，煮沸后，撇去浮沫，倒入蛤蜊、水发黄豆、水发花生米。

4 盖上盖，用小火煮5分钟，至食材熟透。

5 揭盖，加入适量盐、胡椒粉，略煮一会儿，盛出即可。

海带豆腐汤

豆腐120克，海带50克，豌豆30克

调料

盐2克，食用油少许

做法

1 将豆腐洗净切成小块，海带洗净切成丝，豌豆冲洗干净。

2 锅中注入适量清水烧开，倒入豆腐块、豌豆，焯水至豌豆变翠绿，立即全部捞出，待用。

3 另起锅注入适量清水烧开，倒入豆腐块、豌豆、海带丝，加入少许食用油，大火煮至沸腾。

4 盖上盖，转小火继续焖煮约15分钟至食材熟软。

5 揭开盖，加入盐，搅拌均匀，继续煮一会儿至全部食材入味，盛出装碗即可。

这道汤比较清淡，可以加入少许白胡椒粉来促进孩子食欲。

猪大骨海带汤

猪大骨1000克，海带结120克，姜片少许

盐2克，白胡椒粉2克

1 锅中注水，大火烧开，倒入猪大骨，搅匀，汆煮去杂质，捞出，沥干水分，待用。

2 摆上电火锅，倒入猪大骨，放入海带结、姜片，注入适量的清水，搅匀。

3 盖上锅盖，调旋钮至高档，煮约60分钟。

4 掀开锅盖，加入盐、白胡椒粉，搅拌片刻，煮至食材入味即可。

猪大骨比较大块，可以在上面斩几刀，更容易煮透。

猪大骨是老百姓日常食用很多的补钙食材，其含有大量的磷酸钙；海带是一种营养价值很高的蔬菜，每百克干海带中含钙2.25克。

小白菜虾皮汤

小白菜200克，虾米35克，姜片少许

盐2克，料酒、食用油各适量

1 洗净的小白菜切成段。

2 用油起锅，放入姜片、虾米，大火爆香，淋入料酒炒香，加水，盖盖煮约2分钟。

3 揭盖，加入适量盐，倒入切好的小白菜，拌匀煮沸。

4 把煮好的汤盛出，装碗即可。

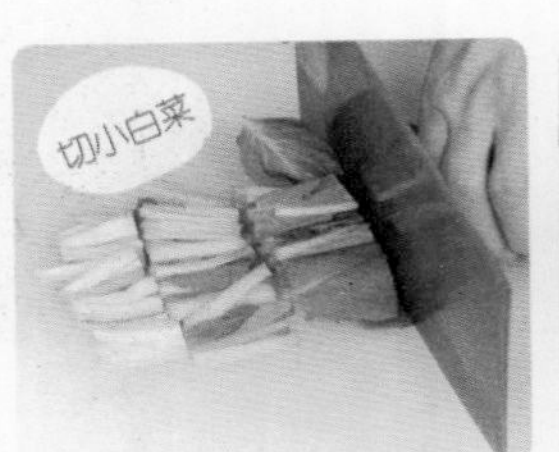